Web技术原理

完全图解

〔日〕西村泰洋 著

陈欢 译

中国水利水电出版社
www.waterpub.com.cn
·北京·

内 容 提 要

《完全图解Web技术原理》以基础的Web网站和Web服务器为切入点，用通俗易懂的文字，结合直观清晰的插图，对Web技术相关知识点进行了详细讲解。具体内容包括Web技术基础知识、Web特有的架构、为Web提供支持的技术、Web的普及与发展、不同于Web的系统、Web与云计算的关系、Web网站的创建、Web系统的开发原则和安全措施。读者可从前到后按顺序学习，获得系统的Web技术知识，也可选择感兴趣的主题或关键词快速了解相关知识。本书适合Web系统开发人员、网站建设人员、网络管理员及相关企业的管理人员、业务人员参考学习，也可作为案头手册，随时翻阅速查。

图书在版编目（CIP）数据

完全图解Web技术原理 /（日）西村泰洋著；陈欢译. -- 北京：中国水利水电出版社，2024.3
ISBN 978-7-5226-1930-9

Ⅰ. ①完… Ⅱ. ①西… ②陈… Ⅲ. ①网页制作工具－图解 Ⅳ. ①TP393.092.2-64

中国国家版本馆CIP数据核字(2023)第221137号

北京市版权局著作权合同登记号　图字：01-2023-3590
图解まるわかり Web 技術のしくみ
(Zukai Maruwakari Web Gijyutsu no Sikumi:6949-1)
© 2021 Yasuhiro Nishimura
Original Japanese edition published by SHOEISHA Co.,Ltd.
Simplified Chinese Character translation rights arranged with SHOEISHA Co.,Ltd. through
JAPAN UNI AGENCY, INC.
Simplified Chinese Character translation copyright © 2024 by Beijing Zhiboshangshu Culture
Media Co., Ltd.
版权所有，侵权必究。

书　　名	完全图解 Web 技术原理 WANQUAN TUJIE Web JISHU YUANLI
作　　者	[日] 西村泰洋　著
译　　者	陈欢　译
出版发行	中国水利水电出版社
	（北京市海淀区玉渊潭南路 1 号 D 座 100038）
	网址：www.waterpub.com.cn
	E-mail：zhiboshangshu@163.com
	电话：（010）62572966-2205/2266/2201（营销中心）
经　　销	北京科水图书销售有限公司
	电话：（010）68545874、63202643
	全国各地新华书店和相关出版物销售网点
排　　版	北京智博尚书文化传媒有限公司
印　　刷	北京富博印刷有限公司
规　　格	148mm×210mm　32 开本　7.5 印张　246 千字
版　　次	2024 年 3 月第 1 版　2024 年 3 月第 1 次印刷
印　　数	0001—3000 册
定　　价	79.80 元

从个人的角度看，Web同日常生活中常用的Web网站、搜索引擎、社交媒体、在线购物平台一样，是我们最熟悉的信息系统。虽然有时其中也包含人工智能、物联网和大数据等稍具难度的技术，但是它是一种只要需要，就可以马上应用于开发和运营的独特系统。

另外，从Web网站的工作原理来看，Web技术是千变万化的，以后也会继续以惊人的速度不断地发展。

从基础设施方面来看，以前开展网络业务时，通常会选择自己创建Web服务器，或者租用ISP（internet service provider，互联网服务供应商）提供的服务器。近年来，由于越来越多的人开始选择使用云服务，因此，越是大型的Web系统越会舍弃自己创建服务器的方式，转而选择在云端开展Web服务。

在系统中运行的软件也在逐渐开始使用OSS（open source software，开源软件）。现在已经进入了一个不仅能够提供服务，而且从开发到运营的过程中，即使是大型Web系统也可以使用免费的OSS进行创建的时代。

由于终端、网络和Web服务不断进化及其具有多样化的需求，服务提供方的目的也从单纯提供信息转向以寻求合作和活用信息为主，这使得Web技术也变得越来越复杂。因此，即使是在系统开发场景中，通常也不会从零开始进行创建，而是会优先选择现有的机制立即投入使用。

基于上述变化和现状，在本书中，将主要为以下读者进行详细的讲解。

- 想掌握Web技术相关基础知识的读者
- 想创建Web网站或Web应用程序的读者
- 想了解包括云服务在内的术语、技术和趋势的读者
- 正在考虑运用Web技术创业的读者

在本书中，作者将以基础Web网站和Web服务器作为入口，逐步深入地进行讲解。

作者希望本书能够让更多的读者对Web技术产生兴趣，同时也希望读者能够将从本书中学到的知识灵活地运用到实际的工作中。

第1章 Web技术基础知识——
浏览器和Web服务器

1

第 6 章
Web 与云计算的关系——
理解目前 Web 系统的底层技术
119

Web技术基础知识——

浏览器和Web服务器

什么是Web

通过互联网提供服务的机制

在日常生活和工作中，互联网已经成为人们不可或缺的一部分。从广义上理解Web，是指**一种通过互联网对所提供的信息和产品进行对外公开或者交换的机制**（图1-1）。

从Web技术发展史看，它用来指代World Wide Web的简称。虽然World Wide Web可缩写为**WWW**，但是实际上它是一个运用互联网提供的超文本信息的系统。

随着Web技术的迅猛发展，目前大部分信息系统都是通过互联网提供的。本书将在回顾Web发展历史的过程中，重点对目前的Web技术和系统进行讲解。

基于链接的连接

构成Web网站的每个Web页面，都是通过链接和引用的方式与不同的页面连接的，并以此实现海量页面的连接。并且，它们都是通过从某个网站连接到另一个网站（从某台Web服务器连接到另一台Web服务器）的方式连接全球跨越海洋和国界的海量文档和信息的。这种称为超链接的机制，可以通过使用称为超文本标记语言（Hyper Text Markup Language，HTML）的编程语言创建每个Web页面来实现，可参考2-3节。在使用超文本创建的页面中嵌入链接，**可以通过单击该链接的方式跳转到其他的页面**（图1-2）。

如果是业务系统，通常会采用从菜单中调用具体的进程和程序，并在完成处理时返回菜单的形式来实现。而Web网站基本上是采用单击链接的方式实现页面直接跳转的。

接下来，将对Web系统的结构进行讲解。

图1-1 Web技术概要

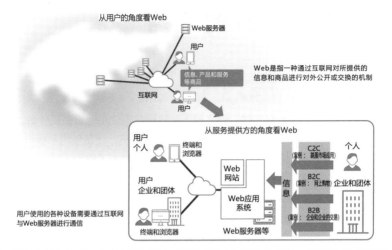

从用户的角度看Web

Web服务器

用户

信息、产品和服务等商品

互联网

用户

Web是指一种通过互联网对所提供的信息和商品进行对外公开或交换的机制

从服务提供方的角度看Web

用户 个人 — 终端和浏览器

用户 企业和团体

终端和浏览器

Web网站

Web应用系统

Web服务器等

C2C（案例：跳蚤市场应用） 个人

B2C（案例：网上购物） 企业和团体

B2B（案例：企业间交易）

信息

用户使用的各种设备需要通过互联网与Web服务器进行通信

图1-2 超文本与超链接

超链接不仅可以链接到自己的网站，还可以链接到其他网站和页面

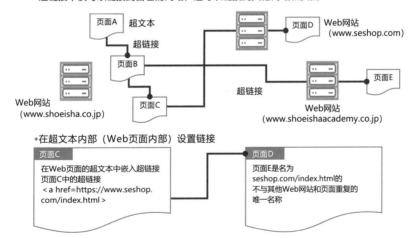

页面A 超文本

超链接

页面B

页面C

Web网站（www.shoeisha.co.jp）

页面D Web网站（www.seshop.com）

超链接

页面E

Web网站（www.shoeishaacademy.co.jp）

• 在超文本内部（Web页面内部）设置链接

页面C
在Web页面的超文本中嵌入超链接
页面C中的超链接
< a href=https://www.seshop.com/index.html >

页面D
页面E是名为
seshop.com/index.html的
不与其他Web网站和页面重复的
唯一名称

知识点

✎ Web是一种通过互联网对所提供的信息和产品进行交换的机制。

✎ Web中使用了名为超文本和超链接的机制，具有可以很方便地迁移到其他页面和Web网站的特征。

» Web系统的架构

Web系统的基本架构

当人们在浏览Web网站时，通常都不会特别在意使用的设备是什么，无论是使用个人电脑（personal computer，PC）、智能手机，还是使用平板电脑。

其实使用任何设备都是可以的，只要设备中安装了称为浏览器的软件，输入了正确的URL（uniform resource locator，统一资源定位器）地址，就可以访问需要浏览的Web网站。

Web服务器是运行在终端的浏览器通过互联网要到达的目的地。如图1-3中所示，Web网站**通常是由设备（浏览器）、互联网和Web服务器构成**的。在物理层面与客户端服务器系统（参考1-8节）相同。

Web网站与Web应用

与Web有关的名词有很多，例如，Web网站、Web应用、Web系统等。在本书中，结合图1-4对它们进行如下总结。

- Web网站
  Web网站是一种以文档信息为主的Web网页的集合。例如，www.shoeisha.co.jp是翔泳社（日本）的Web网站，其中的公司简介页面和招聘信息页面等具体的页面就是一个单独的Web网页。

- Web应用
  Web应用是Web应用程序的缩写，是指如购物应用程序这样的一种动态的实现机制。它的组成部分除了Web服务器外，还包括**应用服务器（AP服务器）和数据库服务器（DB服务器）**等。销售书籍和文件的网站SEshop就是一个具体的Web应用的例子。

- Web系统
  除了Web网站和Web应用之外，还存在API（参考1-4节）等提供专用服务的Web系统，是结构较为复杂且规模较为庞大的实现机制。其中具有代表性的应用包括与外部系统的联动、自动接收天气信息、物联网设备的应用等。

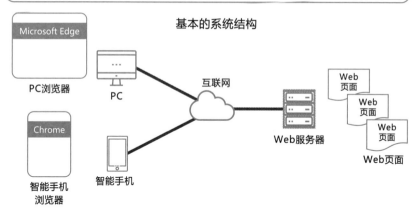

图1-3 Web网站的系统结构

基本的系统结构

Microsoft Edge

PC浏览器

PC

互联网

Web服务器

Web页面

Chrome

智能手机
浏览器

智能手机

※也可能是具有内置浏览器功能的专用应用程序

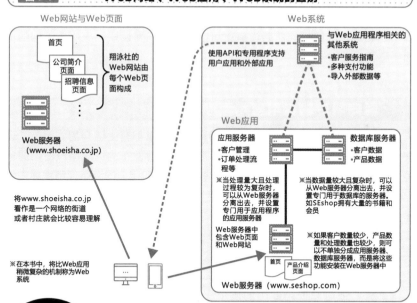

图1-4 Web网站、Web应用、Web系统的区别

Web网站与Web页面

首页

公司简介
页面

招聘信息
页面

翔泳社的
Web网站由
每个Web页
面构成

Web服务器
(www.shoeisha.co.jp)

将www.shoeisha.co.jp
看作是一个网络的街道
或者村庄就会比较易理解

※在本书中，将比Web应用
稍微复杂的机制称为Web
系统

Web系统

与Web应用程序相关的
其他系统
●客户服务指南
●多种支付功能
●导入外部数据等

使用API和专用程序支持
用户应用和外部应用

Web应用

应用服务器
●客户管理
●订单处理流
程等

※当处理量大且处理
过程较为复杂时，
可以从Web服务器
分离出去，并设置
专门用于应用程序
的应用服务器

数据库服务器
●客户数据
●产品数据

※当数据量较大且复杂时，可以
从Web服务器分离出去，并设
置专门用于数据库的服务器。
如SEshop拥有大量的书籍和
会员

Web服务器中
包含Web页面
和Web网站

首页 产品介绍
     页面

※如果客户数量较少，产品数
量和处理数量也较少，则可
以不单独分成应用服务器、
数据库服务器，而是将这些
功能安装在Web服务器中

Web服务器（www.seshop.com）

知识点

🖊 Web网站的基本结构包括浏览器、互联网、Web服务器。

🖊 Web网站再加上应用服务器和数据库服务器，就可以创建出相对复杂的
系统。

浏览Web页面

URL的输入

1-2节已经对Web网站和Web系统的架构进行了讲解。本节将从用户的角度出发，重新对浏览Web页面的过程进行讲解。

虽然用户通常会使用PC、智能手机和平板电脑等设备浏览网页，但是从访问Web网站的时长和频率角度看，实际上使用得最多的应该是智能手机。

从浏览网页的角度看，每台设备上都安装了浏览器，用户只需要**输入或单击**一个使用"http:"或"https:"开头显示的**URL地址就可以访问Web页面**（图1-5）。通常的流程是用户在浏览器中输入网址，或者通过单击嵌入了URL地址的链接，然后设备就可以通过互联网读取用户所需访问的页面信息了。

面向用户的专用应用程序

大多数有关Web技术的文章和书籍中，通常都有上述介绍。但是，现在越来越多的人选择使用由提供Web服务的企业发布的**针对用户使用的各种设备专门开发的应用程序**来访问网站。这些面向用户的专用应用程序内部已经嵌入了URL地址，只要启动应用程序就可以自动进行访问（图1-6）。虽然开发这类应用程序的企业通常会倾向于将用户"圈"在自己公司提供的Web网站内部，但是使用应用程序除了可以访问Web页面和Web网站外，还可以自动与其他服务器交换特定的数据。

整个系统的基本架构与图1-3类似，因此，用户除了可以使用通用的浏览器之外，还可以使用专用的应用程序来访问Web网站。而且除了访问Web网站的服务器外，用户对其他节点和设备的访问也在持续增长。

图1-5 **URL的概要**

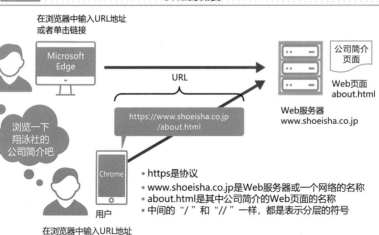

在浏览器中输入URL地址
或者单击链接

Microsoft
Edge

URL

浏览一下
翔泳社的
公司简介吧

Chrome

https://www.shoeisha.co.jp
/about.html

用户

在浏览器中输入URL地址
或者单击链接

公司简介
页面

Web页面
about.html

Web服务器
www.shoeisha.co.jp

- https是协议
- www.shoeisha.co.jp是Web服务器或一个网络的名称
- about.html是其中公司简介的Web页面的名称
- 中间的"／"和"／／"一样，都是表示分层的符号

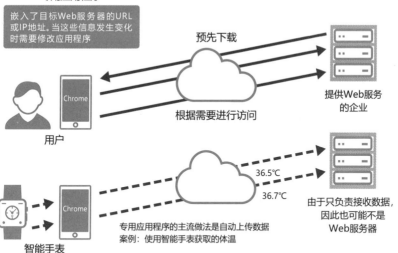 **图1-6** **专用应用程序的概要**

专用应用程序

嵌入了目标Web服务器的URL
或IP地址。当这些信息发生变化
时需要修改应用程序

预先下载

Chrome

根据需要进行访问

用户

提供Web服务
的企业

36.5℃

36.7℃

Chrome

专用应用程序的主流做法是自动上传数据
案例：使用智能手表获取的体温

智能手表

由于只负责接收数据，
因此也可能不是
Web服务器

知识点

✐ 可以通过在浏览器中输入URL地址的方式访问Web服务器和Web页面。

✐ 越来越多的人开始在智能手机上利用专用应用程序来访问网站。

什么是URL

URL的含义

人们在浏览Web网站时，如果单击链接，可能需要输入URL地址。

URL表示需要浏览的Web页面或者Web网站的文件。

例如，图1-7中的地址是https://www.shoeisha.co.jp/about/index.html，其中，"https : //" 是协议名称，www.shoeisha.co.jp就是FQDN（fully qualified domain name，完全限定域名），紧随其后的 /about 及剩下的部分是**路径名**。即使省略了index.html或没有输入index.htm，Web服务器也会自动补全为完整的路径。

正如前面所讲的，从浏览器的角度来看，发送上面这个URL地址就意味着用户提交了希望使用什么样的协议转发保存在那个位置上的文件的请求。

什么是域名

如图1-7所示，其中的shoeisha.co.jp就是一个**域名**。

在互联网中，每个域名都是唯一的，它拥有至少一个与之配对的全局IP地址。因为人们很难从单纯由数字组成的全局IP地址中识别出其具体指代的网站，所以通常需要使用域名来表示网站地址。不过，如果事先知道某个网站的全局IP地址，那么在浏览器中输入全局IP地址同样可以浏览网页。

此外，在日本常见的域名除了.jp、.com、.net和.co.jp[①]外，还存在很多其他的域名，但是列举的这些都是gTLD（generic top level domain，通用顶级域名）。在图1-8中介绍了一些具有代表性的例子，除此之外还存在其他各种域名（参考7-5节）。

---

①中国常用的域名有 .com、.cn、.org、.net等。

图1-7	**URL的含义**

URL的示例　　　主机名　　　域名

https://www.shoeisha.co.jp/about/index.html

协议名称　　　　FQDN　　　　　路径名

如http和https
表示协议

• FQDN称为完全限定域名
• www是主机名，shoeisha.co.jp
　是域名

即使省略index.html
或index.htm，Web
服务器软件的http进
程也可以完成

虽然在个人电脑和服务器中
文件采用的是分层结构，但
是在Web网站中的每个页面
的位置和名称是用斜杠连接
起来的

profile.html

recruit.html

mission.html

公司简介
• 业务内容
招聘信息
• 应聘要求
企业理念
• 我们的使命

图1-8	**主要域名分类**

• 域名主要包括gTLD和分配给每个国家的cc（country code，国家代码）TLD等
• 在日本，非常受欢迎的是.jp，其次是.com和.net，从域名的市场价格上也体现了它们受欢迎的程度

域名搜索页面

centurytable

搜索

.jp 为4000日元　　.com 为2000日元　　.net 为2000日元
会像上面这样根据受欢迎的程度定价

gTLD 的示例	说明
.com	任何人都可以注册的最受欢迎的域名之一。面向商业组织
.net	任何人都可以注册的最受欢迎的域名之一。用于网络
.org	团体、协会等法人较为常用
.edu、.gov	教育部门或政府部门等团体使用
.biz、.info、.name、.pro	任何人都可以注册，具有商业用途、个人用途和面向专业人员等特征

JP域名（ccTLD）的示例	说明
.co.jp	企业法人使用
.jp	在日本，是与.com一样受欢迎的域名之一
.or.jp、.ac.jp、.go.jp	基金会、社团、学校、政府部门

在日本，对于本地商家而言，不仅有.tokyo，还有.yokohama、
.nagoya等，这些域名是先到先得的

※ 参考了日本网络信息中心（Japan Network Information
　Center, JPNIC）的Web网站创建而成

知识点

✏ 用户输入的URL地址由域名和路径名组成。

✏ 域名是唯一的，且具有相应的IP地址。

≫ Web服务器的外观与内部结构

物理的外观

Web服务器是Web网站和Web系统的基本结构中必不可少的一部分。它的物理外观取决于需要通过Web网站提供服务的用户数量和规模。

例如，图1-9所示的是办公室中常见的**塔式**服务器，以及信息系统中心和数据中心常用的**机架式**服务器。目前在服务器中运行的操作系统，主流是Linux系统，不过有的场合也使用Windows Server。

在那些大型业务系统中，也会使用自带操作系统的通用机（也称为大型机）和UNIX的服务器。不过，如果是Web服务器，则需要根据规模的扩大而增加机架式的服务器，这是因为在现实中，中小型的服务器较多，因此，如果规模扩大，就需要增加机架式服务器的数量。

增加Linux系统的原因

在服务器市场中，Windows Server占据了约50%的市场份额，其次是Linux系统和UNIX系统。从服务器整体的Web服务器部分看，Linux服务器的数量超过Windows Server。究其原因，虽然Windows Server实现了丰富的功能，具有能够相对简单地设置常用功能的优点，但是包括维护在内的各项费用却十分高昂。

虽然Linux系统在操作上比Windows Server稍微复杂一些，但是由于人们只需在其中添加需要使用的功能，因此使用Linux除了可以节省磁盘空间和提高稳定性之外，还可以将系统成本控制在较低水平（图1-10）。

由于Web服务器的功能有限，有时只需要添加电子邮件服务器就足够胜任，通常用最基本的功能就能够满足需求，因此从功能简单和成本低廉的角度看，这也是Linux系统越来越受到用户的青睐的原因。

图1-9 **Web服务器多采用机架式服务器**

- 放置在办公室的塔式服务器
- Web服务器很少采用这种类型

- 使用最多的是机架式服务器
- 可以根据访问数量和规模不断增加数量
- Web服务器多采用这种类型，是目前的主流服务器——云服务也采用了这种类型

在大型业务系统中，也会采用通用机（大型机）和大型的UNIX的服务器，目前的Web服务器几乎不会采用这种类型

图1-10 **Linux的Web服务器的功能**

参考： 服务器操作系统的历史

	1970年	1980年	1990年	2000年
UNIX系统	由AT&T公司开发，并于20世纪80年代形成目前的系统			
Linux		由 Linus Benedict Torvalds 参考 UNIX 开发而成		
Windows		发布Windows NT3.1	Windows Server于2003年发布	

- 服务器操作系统具备可同时接受很多客户端同时访问的性能
- 由于历史背景的原因，Linux与UNIX系统具有很高的兼容性
- 虽然UNIX系统能够支持长时间连续运行，并且作为操作系统目前仍然拥有很多用户，但是在有些典型的应用领域，具备同等功能的Linux的用户数正在增加

用户可自己在Linux中安装所需的功能

Web服务器的标配
- Apache
- Nginx等

- 例如，若要在Linux中构建文件服务器，可以安装Samba
- 由于Windows Server服务器的功能比较齐全，因此可以选择和设置实际需要使用的功能

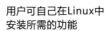 **知识点**

- ✎ 大多数Web服务器采用的都是机架式服务器硬件。
- ✎ 由于服务器本身的功能有限，从成本方面考虑，用户通常会选择Linux作为Web服务器的操作系统。

浏览器的功能

浏览器的基本功能

Chrome、Microsoft Edge和Interne Explorer（简称ⅠE）都是人们十分熟悉的浏览器。

浏览器也被称为Web浏览器，它可以**将超文本用肉眼可识别的方式显示**。那些需要通过浏览器浏览的Web服务器中的内容，即构成Web网站的Web页面，都是使用HTML语言编写的。如图1-11所示，使用标签括起来的超文本，像同声传译一样被浏览器以易于人类理解的方式进行转换，并最终呈现到人们眼前。

Web系统的物理结构基本上是固定的，如安装了浏览器的设备、互联网的网络、Web服务器等。同样，传输的字符串和语言等信息也是固定的。

因此，如果没有浏览器，人们将无法看到日常浏览的那些漂亮且简单易懂的Web网页。

请求与响应

如果进一步说明，就是**浏览器会向Web服务器发送一个需要什么或想做什么的请求**，而Web服务器则会针对该请求返回一个响应（图1-12），具体包括HTML、CSS和JavaScript的响应。浏览器会正确地识别和处理这些不同的响应，并将它们显示到终端的页面中的过程通常被称为渲染路径（rendering path）。人们通过查看配备了通用浏览器的开发者的屏幕，就会明白渲染路径是通过很多极为细致的工序和复杂的计算步骤实现的。

图 1-11　浏览器的基本功能：超文本的转换

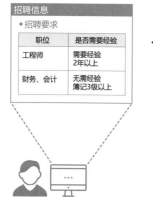

人们看到的 Web 页面

使用标签括起来的超文本
（HTML 的示例）

```
<html>
<head>
<title>招聘信息</title>
</head>

<body>
<h1>◆招聘要求</h1>
<br>
 <table border="1">
  <tr>
   <th>职位</th>
   <th>是否需要经验</th>
  </tr>
  <tr>
   <td>工程师</td>
   <td>需要经验<br>2年以上</td>
  </tr>
  <tr>
   <td>财务、会计</td>
   <td>无需经验<br>簿记3级以上</td>
  </tr>
 </table>

</body>
</html>
```

图 1-12　浏览器发送的请求

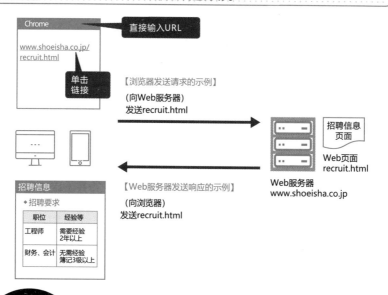

知识点

✎ 使用浏览器的基本功能可以将超文本转换成人们易于理解的形式。

✎ 人们可以通过浏览器发送请求和 Web 服务器发送响应的方式浏览 Web 页面。

独立于浏览器之外的Web连接机制

什么是API

1-3节讲解了用户与Web系统之间不仅可以使用浏览器进行连接，也可以使用API和专用的应用程序进行连接。Web上的API是一个独立于浏览器之外的重要的Web连接机制，因此，接下来对其进行说明。

API是application programing interface（应用程序编程入口）的缩写。如图1-13所示，它的**含义是指不同软件之间进行通信的接口规范**。当提到Web系统中的API时，大多数情况下是指系统之间交换数据的一种机制，而不是像浏览器那样将超文本显示成网页。

API的典型示例

使用应用程序从智能手机向Web服务器发送和接收特定数据，就是一个简单易懂的API使用范例。

例如，**将位置信息发送给Web服务器来接收该区域的天气信息**。具体内容如图1-14所示，需要将纬度（latitude，LAT）为36°710065，经度（longitude，LON）为139°810800的数据发送给Web服务器。如果对LON和LAT区分大小写的话，它们就可以变成各种设备与API之间通用的通信项目。然后，Web上的某个应用服务器会根据接收的位置信息返回相应的天气预报信息。图1-14中使用的是智能手机上传的数据，也可以使用物联网传感器在没有人工干预的情况下自动地上传数据。

人们几乎不可能通过在浏览器中输入数据的方式进行这样的数据交换。由此可以看出，API和专用应用程序正在不断地增加Web系统的应用场景以及更多的可能性。

图 1-13 **API的含义**

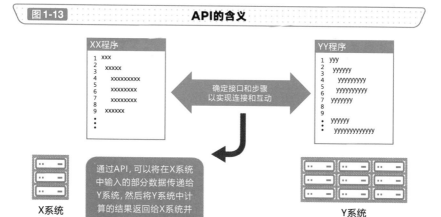

XX程序

1 xxx
2　xxxxx
3
4　　xxxxxxxxx
5
6　　xxxxxxxx
7　　xxxxxxxx
8
9　xxxxxx
·
·
·

确定接口和步骤
以实现连接和互动

YY程序

1 yyy
2　yyyyyy
3
4　　yyyyyyyyy
5　　yyyyyyyyy
6　　yyyyyyyyy
7　yyyyyy
8
9
·　yyyyyy
·　yyyyyyyyyyyyy

X系统

通过API，可以将在X系统
中输入的部分数据传递给
Y系统，然后将Y系统中计
算的结果返回给X系统并
显示出来

Y系统

图 1-14 **API的典型示例：位置信息与天气信息**

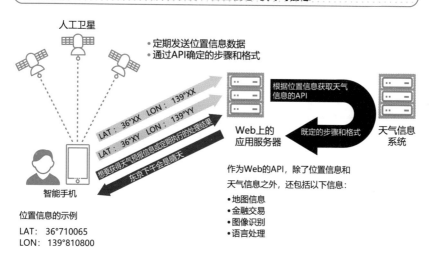

人工卫星

• 定期发送位置信息数据
• 通过API确定的步骤和格式

LAT：36°XX　LON：139°XX

LAT：36°XY　LON：139°YY

想要获得天气预报信息或定期执行的处理结果

东京下午会是晴天

智能手机

位置信息的示例

LAT：36°710065
LON：139°810800

根据位置信息获取天气
信息的API

Web上的
应用服务器

既定的步骤和格式

天气信息
系统

作为Web的API，除了位置信息和
天气信息之外，还包括以下信息：

• 地图信息
• 金融交易
• 图像识别
• 语言处理

知识点

✎ API是指在不同的系统之间实现互动的步骤和数据格式。
✎ API中包含位置信息和天气信息等典型的模式。

》 **Web系统的设置场所**

与企业的系统相比较

Web系统的主要功能是使用安装了浏览器和专用应用程序的设备，通过互联网访问Web服务器和其他服务器。本节将通过与其他通用系统进行比较的方式对Web系统的设置场所和结构进行讲解。

公司业务系统的基本结构如图1-15所示。图1-15中展示的是客户端服务器系统与云服务的示例，终端用户通过局域网访问各种系统的服务器。如果这些IT设备放置在公司内部进行管理，那么也可以称为本地部署（on-premises）的系统。

越来越多的公司开始选择使用云服务是近年来势不可挡的趋势。如图1-15右侧所示，大多数公司采用的模式是服务器由云服务供应商进行管理，用户通过互联网进行访问。

Web系统的管理

综上所述，在公司使用Web系统时，可以选择下列两种方式（图1-16）。

- 公司内部管理Web服务器

  将服务器安装在公司信息系统部门的中心或者数据中心，用户可从各办公室或外部对其进行访问。如果网络仅限于内部使用，则被称为局域网。

- 委托其他公司管理或租用其他公司的IT设备

  可以使用Web服务器、电子邮件服务专用的ISP的服务、云服务、数据中心运营商的托管服务等各种不同的服务。

目前，大多数公司不是采用内部企业管理Web服务器的方式，而是选择租用其他公司的IT设备的方式。

图 1-15　　客户端服务器系统与云服务的示例

本地部署的客户端服务器系统的示例

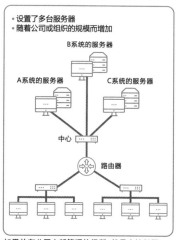

• 设置了多台服务器
• 随着公司或组织的规模而增加

B系统的服务器

A系统的服务器　　　　　C系统的服务器

中心

路由器

如果放在公司内部管理的场所，就是本地部署。
网络是局域网

云服务的使用示例

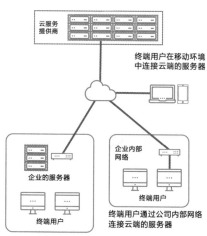

云端存在系统A、B、C的服务器

云服务
提供商

终端用户在移动环境
中连接云端的服务器

企业的服务器

终端用户

企业内部
网络

终端用户

终端用户通过公司内部网络
连接云端的服务器

根据系统规模的不同，可能会将
公司的服务器连接云端的服务器

图 1-16　　Web服务器的创建方式

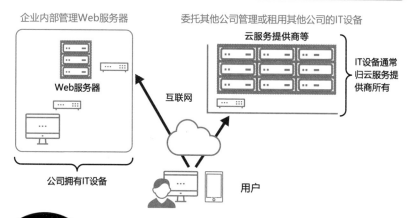

企业内部管理Web服务器

Web服务器

公司拥有IT设备

委托其他公司管理或租用其他公司的IT设备

云服务提供商等

IT设备通常
归云服务提
供商所有

互联网

用户

知识点

⊘ Web系统的物理结构原型与客户端服务器系统相同。

⊘ 现在大多数公司选择使用ISP提供的服务和云服务。

》 如何访问国外的Web网站

访问国外Web网站的机制

使用浏览器访问Web网站已经成为人们的一种习惯。除了浏览国内的Web网页之外，如有必要，浏览英文或其他外文的网站也变得很平常。本节将对访问国外Web服务器的机制进行概括性的讲解。

大多数国外的Web网站，其服务器都设置在日本以外的国家或地区。因此，以个人为例，通过与**ISP**签约的网络，经由位于ISP上层的且在物理层面与国外网络连接的名为"互联网交换中心"的**网络运营商的设备访问国外**的Web网站（图1-17）。互联网交换中心的英文全称为internet exchange point，缩写为IX，也可称其为互联网连接点或互联网互连点。

通往国外的物理门户

例如，若在日本访问的Web网站，那么物理网络就需要经由海底电缆传输。IX则相当于是一个检查站、一个港口或者一个机场，它连接海底电缆的网络。IX主要由所谓的"巨头"电信运营商负责运营。由于普通的ISP无法连接海底电缆，因此，需要通过日本国内的ISP→日本国内的IX→日本以外的国家或地区的IX→日本以外的国家或地区的ISP的路径来浏览日本以外的国家或地区的Web网站（图1-18）。

这种机制早在20年前就已经形成。在日本，IX通常设置在东京和大阪等需要使用大量互联网服务的城市和海底电缆附近的海湾中。出于安全方面的考虑，相关部门并未将具体的位置向外公布。如果IX系统出现故障停止运行，用户将无法进行ISP之间的通信和访问国外的Web网站，因此它是一个极其重要的基础设施。

图1-17 互联网交换中心（IX）的作用

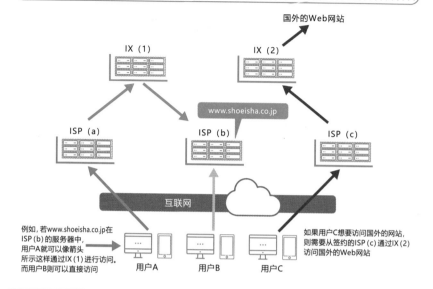

国外的Web网站

IX（1）　　　IX（2）

www.shoeisha.co.jp

ISP（a）　　　ISP（b）　　　ISP（c）

互联网

例如，若www.shoeisha.co.jp在
ISP（b）的服务器中，
用户A就可以像箭头
所示这样通过IX（1）进行访问。
而用户B则可以直接访问

用户A　　　用户B　　　用户C

如果用户C想要访问国外的网站，
则需要从签约的ISP（c）通过IX（2）
访问国外的Web网站

图1-18 从IX通过海底电缆访问国外的Web网站示例

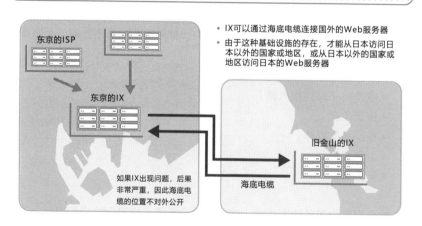

东京的ISP

东京的IX

如果IX出现问题，后果
非常严重，因此海底电
缆的位置不对外公开

旧金山的IX

海底电缆

- IX可以通过海底电缆连接国外的Web服务器
- 由于这种基础设施的存在，才能从日本访问日本以外的国家或地区，或从日本以外的国家或地区访问日本的Web服务器

知识点

- ISP的上层存在名为互联网交换中心的机制。
- 由于互联网交换中心的存在，因此人们才能浏览国外的Web网站。

》 互联网与Web的关系

互联网的利用率

本节将对互联网与Web的关系进行讲解。

在日本总务省发布的"通信使用趋势调查"文件中，通过数据的形式总结了互联网的使用情况。在日本每年发布的IT和通信的统计文件，即《信息通信白皮书》中也有相关介绍。

如图1-19所示，2019年度日本的互联网利用率（互联网人口的普及率，过去一年使用互联网的人口的比例）约为90%。由于在13 ~ 69岁的**每个年龄段的互联网利用率都超过了90%**，因此也可以说一大半的日本国民都在使用互联网。若按终端来划分，智能手机位居第一，PC位居第二，这两种终端就占了一大半的份额，遥遥领先于平板电脑和游戏机。

什么是互联网的利用率

从对家庭和个人的调查表来看，作为计算利用率的基本元素，互联网的使用情况如下（图1-20）。

- 收发电子邮件和消息。
- 搜索信息。
- 使用社交媒体。
- 浏览主页。
- 网上购物。

如果用更为简单的方式对上述内容进行描述，也可以将它们概括为**电子邮件和Web**。大多数人都在使用互联网，意味着这是一件非常普遍的事情。例如，虽然近年来使用人工智能和摄像头的系统已经逐渐融入人们的生活，但是实际上并没有那么多人使用。此外，虽然商业用途的会计系统也在大量出售，它的使用也变得十分普遍，但是这并不表示它是任何人都会使用的系统。

图 1-19 互联网的使用情况和使用的终端

在日本，互联网用户比例已经升至90%。尤其是6～12岁及60岁以上人群的互联网使用量有所增加。在使用的互联网终端中，智能手机的数量已经超过了PC

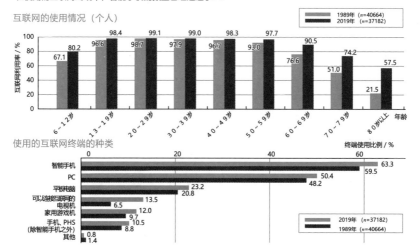

互联网的使用情况（个人）

使用的互联网终端的种类

图 1-20 互联网与Web的关系

日本（总务省）使用互联网的示例

互联网

电子邮件
收发电子邮件和消息

➡ 不一定使用Web服务器或Web页面

Web
• 搜索信息
• 使用社交媒体
• 浏览主页
• 网上购物

是指在此前本书中使用Web（Web网站、Web应用、Web系统）讲解的使用示例

➡ • 必须使用Web服务器或Web页面
• 使用浏览器或具备浏览器功能的应用程序

将互联网当作
电子邮件 + Web，
就很容易理解

互联网
=
电子邮件 + Web

知识点

✎ 根据2019年度的调查，日本的互联网利用率已经达到了90%。

✎ 在日本全国普查案例中使用了"互联网 = 电子邮件 + Web"的描述，这样的描述更利于理解。

开始实践吧

Web 网站的规模

通常情况下，总页数是用来衡量Web网站规模的数值。

假设要按照小规模、中规模、大规模的方式对网站进行分类，那么根据作者的经验，就可以对网站进行如下定位：当网站发展到大规模及以上规模时，包括维护在内的工作都会变得非常辛苦。

Web网站的规模与总页数见表1-1。

表1-1　Web网站的规模与总页数

规模	总页数
小规模	100页以内
中规模	100～1000页
大规模	超过1000页
超大规模	超过10000页

很多企业和商业网站都包含超过10000页的网页。如果仔细观察每个页面，就会发现其中可能会存在10年前创建的没有任何浏览记录的页面。上述总页数的标准是以活动页为前提的。当然，因商品相同但颜色不同而将图像与网页一起划分成不同页面下的1000页，与根据商品本身划分成不同的500页的权重也是不一样的。

页数计数的示例

Google的"site:"命令就是对页数进行计数的例子。

例如，当查看shoeisha.co.jp的页数时，可以在Google的搜索框中输入site: shoeisha.co.jp并执行命令。在作者编写本书时显示的约有23000个页面。输入"site:"显示Google识别的页数，虽然与实际的页数存在误差，但是大概能够知道该网站规模的大小。因此，建议读者尝试运行"site:"命令查看网站的规模。

第 2 章

Web 特有的架构——

不断发展的 Web 网站后台

≫ Web技术的发展

不断扩大的应用领域

在第1章已经对Web相关的基础知识进行了讲解。从本章开始，继续从技术的角度对Web进行讲解。先来了解过去十年发生了什么变化。

以前的信息系统被称为SoR（system of record，记录型系统），主要由使用它的组织机构进行管理。而现在，像SoE（system of engagement，参与型系统）这样旨在将各种组织、机构和个人的关系也纳入管理范畴的系统正在逐步增加。

从SoR到SoE的转变，也可以说是**从以浏览为主的Web网站转变到以收集和利用各种信息为主的Web应用程序和系统**的过程。希望读者记住，整个信息系统正在发生着这样巨大的变化（图2-1）。

开发风格

与网络背后的开发和运用的相关的知识，将在本章和第8章进行讲解。当然，后台的操作也会随着前端的变化而产生相应的变化。

Web网络的开发经历了从零基础到使用开发平台和框架，再到使用现有的服务和API等阶段，Web网络也从强调独创性和排他性的系统，转变成了强调通用性和可用性的系统。开发风格不拘泥于编程方式，并向尽可能少写代码的低代码和无代码方向发展。这种开发风格的形成离不开终端与网络多样化的快速发展（图2-2）。

如果将信息的运用当成一种目标，人们就会更加重视各种信息和系统之间的联系，而这些目标的实现又将进一步产生更多的联系，从而形成一种良性循环，不断地扩大网络市场。Web技术就像是一面镜子，反映着时代的变化。

从2-2节开始，将着眼于更具体的细节对Web进行讲解。

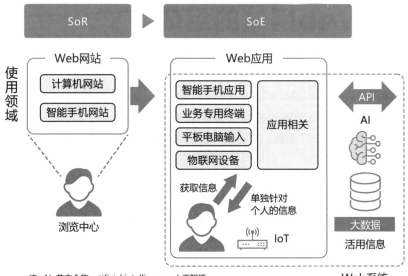

注: AI, 英文全称 artificial intelligence, 人工智能。
IoT, 英文全称 internet of things, 物联网。

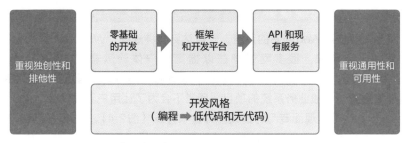

例如, 在创建表面的页面时, 不是采用零基础开发的方式, 而是选
择使用Angular、React、vue.js等框架 (参考2-10节和8-4节)

知识点

✐Web技术从以浏览为主转变成了以使用信息为主。
✐后台的开发也正在从零基础开发转向使用框架和现有服务进行开发的
方式。

» Web网站的组成

系统内部由代码组成

每天都在浏览的Web网站就像使用Word和PowerPoint制作出来的精美的文档和资料一样美观。不同的页面带给读者的感官享受也不一样，有的页面看上去很"高冷"，有的页面则显得很亲切，这些页面中都承载着网站的创建者和运营者的意愿，并通过不同的设计方式呈现在了人们的眼前。

站在用户的角度看，Web网站的外观基本就是人们看到的样子。但是从Web网站的内部看，它们是由**既定格式的代码组成的**（图2-3）。从这个层面来讲，网站似乎需要基于各种编程语言来开发，与传统方式并无差别，但是正如2-1节中所讲解的，所需编写的代码正在逐渐减少。

那么，Web网站与传统的业务系统和信息系统究竟有什么区别呢？接下来，将从开发人员的角度进行解析。

系统外观很重要

当需要使用Web网站的系统，一旦达到某种规模，**Web设计师**就会参与其中。近年来，很多网站都在以提高用户体验满意度的UX（user experience，用户体验）设计为目标，**设计和视觉导线变得重要，外观变得非常重要**。一般业务系统的项目，通常不会为了让用户界面（user interface，UI）变得美观而专门聘请设计师参与开发（图2-4）。此外，具体开发时也是写好代码就可以确认外观，并在重复这一操作的过程中完成开发。因此可以看出，在业务系统中，重点是实现当初设计的功能。而Web开发则具有外观和功能需要双管齐下的特征。此外，安全性也非常重要。

在以后的系统开发中，无疑会有更多设计师参与的机会和诸多对外观方面的要求。

图2-3 ━━━━━ **Web网站的组成**

Web页面的外观　　　　　　　　　Web页面的内部

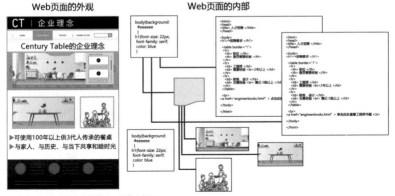

- 漂亮的页面背后是大量的代码、图像和插画
- 那些大型企业的Web网站，就像一本百科全书，由海量代码和图像组成

图2-4 ━━━━━ **Web开发体系示例**

开发体系

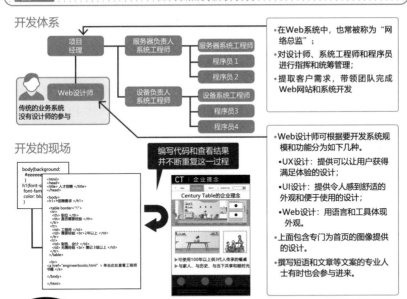

- 在Web系统中，也常被称为"网络总监"；
- 对设计师、系统工程师和程序员进行指挥和统筹管理；
- 提取客户需求，带领团队完成Web网站和系统开发

开发的现场

编写代码和查看结果并不断重复这一过程

- Web设计师可根据要开发系统规模和功能分为如下几种。
- UX设计：提供可以让用户获得满足体验的设计；
- UI设计：提供令人感到舒适的外观和便于使用的设计；
- Web设计：用语言和工具体现外观。
- 上面包含专门为首页的图像提供的设计。
- 撰写短语和文章等文案的专业人士有时也会参与进来。

知识点

✐ 虽然Web网站的外观很漂亮，但是后台都是由大量的代码组成的。

✐ 在Web系统中，由于强调用户体验和外观，因此达到一定规模的系统一般都会聘请Web设计师参与开发体系。

》 Web网页的主要部分

标签与超链接

1-1节已经讲解了Web页面是由超文本创建的，可以通过嵌入链接目标的方式迁移到另一个页面。**HTML**，英文全称是hyper text markup language，是一种**编写超文本的语言**。HTML需要使用名为"<标签>"的标记编写代码。由于它需要使用标记来表示文档的结构，因此也被称为标记语言。

例如，如果编写"<title>人才招聘</title>"，人们就会知道Web页面的标题是人才招聘。在图1-11中对此进行了简单的介绍。接下来，图2-5展示的是一个使用表格标签的人才招聘示例。

如果需要使用一个超链接将用户指引到工程师书籍的页面，就可以嵌入一个"<ahref ='engineerbooks.html'>单击此处查看工程师书籍</a>"的标签。如图2-5所示，在图1-11中的人才招聘中嵌入了超链接。

将使用HTML创建的页面的扩展名保存为html或htm，并上传到Web服务器，系统就会将其识别为HTML文档。创建好的HTML文档只需保存即可，无须进行编译。

创建页面要注重外观和呈现方式

如果是了解HTML的开发人员，只要查看原始的HTML文件就会知道页面是什么样子的。实际上，浏览器也可以直接读取HTML文件，并以易于阅读的方式显示出来。因此，在创建页面和文件时，需要在注重外观和呈现方式的前提下编写代码，这种观念是非常重要的。

如图2-6所示，在其中总结了包括刚刚提到的标签<a>在内的一些常用的基本HTML标签。

图2-5 　　　　　**嵌入超链接的页面示例**

嵌入了超链接的HTML页面

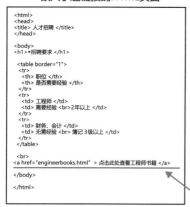

```
<html>
<head>
<title> 人才招聘 </title>
</head>

<body>
<h1>◆招聘要求 </h1>

  <table border="1">
   <tr>
    <th> 职位 </th>
    <th> 是否需要经验 </th>
   </tr>
   <tr>
    <td> 工程师 </td>
    <td> 需要经验 <br>2年以上 </td>
   </tr>
   <tr>
    <td> 财务、会计 </td>
    <td> 无需经验 <br> 簿记 3 级以上 </td>
   </tr>
  </table>

  <br>
  <a href="engineerbooks.html"> 点击此处查看工程师书籍 </a>

</body>

</html>
```

简称 href，
是hypertext
reference的缩写

超链接

Web页面的呈现方式

人才招聘

◆ **招聘要求**

职位	是否需要经验
工程师	需要经验 2年以上
财务、会计	无需经验 簿记3级以上

单击此处查看面向工程师的书籍

虽然这里介绍的是使用table标签
编写代码的示例，但是近年来，
越来越多的人选择使用2-4节讲
解的CSS框架中的GRID和table
进行编写

图2-6 　　　　　**常用的HTML标签**

标签	编写示例	含义和用法
a	<ahref="需要链接的页面"> 需要显示的文字 </a>	超链接
br	 	用于换行或空行的场合
h	<h2> 页面内部的标题 </h2>	用于独立标题的场合
header	<header> 使用 css（2-4 节将讲解）等编写具体的内容 </header>	注明标题、标志和作者等引导信息
hr	<hr>,<hrcolor="颜色名称" width="50%">	水平线
img	<imgsrc="图像文件名" width="宽度" height="高度">	插入图像
meta	<meta> 页面说明等 </meta>	页面的说明
p	<p> 文章 </p>	表示文本的段落、文字块
section	<section><h2>～</h2><p>~</p></section>	表示页面中每个内容的集合
table	<table> <tr><th> 标题 1 </th><th> 标题 2 </th></tr> <tr><td> 数据 1 </td><td> 数据 2 </td></tr> </table>	用于在表中插入文本和图像的场合
title	<title> 页面的标题 </title>	显示标题

- 需要注意的是，还存在以"/"结尾的标签和单独使用的标签。

- 与其说〈title〉、〈meta〉、〈h〉、〈header〉、〈section〉是页面本身的外观，不如说它们是体现文档结构和搜索
  引擎显示搜索结果的重要标签。

知识点

∥HTML是一种用于编写超文本的语言。

∥可以通过在HTML文件中嵌入超链接的方式跳转到其他页面。

» Web网页的次要部分

打造华丽的Web页面

　　CSS（cascading style sheets，层叠样式表）称为样式表。对创建Web网站和Web页面感兴趣的读者应该都知道这种表格。CSS主要**用于打造页面的美观度和统一感**。如图2-7所示，左边的人物只搭配了一些基本的服饰，与右边根据场景搭配了笔挺的西装和佩戴了精美饰品的人物相比，毫无疑问右边的打扮会更加端庄。

　　如果只是很少的几个Web页面，那么使用单独的HTML文件定义页面装饰是完全没有问题的。许多网站都使用CSS，因为其具有大量的页面，并能够满足简化HTML文件中的代码、布局稍微复杂的页面等需求，因此被很多Web网站所采用。另外，还有一个选择CSS的原因，自从2016年HTML Version 5问世以来，使用CSS指定字符等装饰已经成为一种惯例。因此，通常情况下，会另外创建一个与HTML文件无关的CSS文件，在需要更改外观时对CSS进行修改。

使用CSS的注意事项

　　在使用CSS时，最为重要的一点是**在每个HTML文件中嵌入引用CSS文件的标签对HTML和CSS文件进行连接**（如图2-8所示）。此外，与HTML不同，CSS文件中使用的是在人们熟悉的编程语言中使用的符号。例如，"{ }"（大括号）、"："（冒号）、"；"（分号）、"，"（逗号）。CSS可以满足布局、字符的修饰、背景等页面设计方面的各种需求。此外，使用框架的情形也比较多，相关内容将在后面进行讲解。

　　如果读者仔细观察就会发现，在那些大型企业的Web网站中，虽然包含大量的Web页面，但是却能给用户展示很精致的统一感，细节方面的布局也非常美观，这些都是CSS的作用。

图 2-7　　　　　　　　　　　　　　外观改变形象

只搭配了基本服饰的人物　　　　　　根据场景搭配了西装和佩戴了饰品的人物

在一般的商务场景中，右边这种打扮更受欢迎，可见外观的搭配很重要。

简单创建的页面　　　　　　　　　　　　精心设计的页面

- Web页面的外观也非常重要，很明显右边的设计更美观更受欢迎
- 在实际的开发过程中，需要先设计好视觉效果和页面中的动作后再编写CSS

图 2-8　　　　　　　　　　　　CSS文件的创建和使用示例

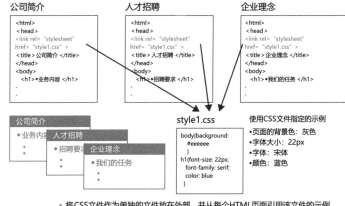

style1.css

公司简介
```
<html>
< head >
<link rel= "stylesheet"
href= "style1.css" >
< title >公司简介 </title>
</head>
<body>
  <h1>◆业务内容 </h1>
.
.
```

人才招聘
```
<html>
< head >
<link rel= "stylesheet"
href= "style1.css" >
< title >人才招聘 </title>
</head>
<body>
  <h1>◆招聘要求 </h1>
.
.
```

企业理念
```
<html>
< head >
<link rel= "stylesheet"
href= "style1.css" >
< title >企业理念 </title>
</head>
<body>
  <h1>◆我们的任务 </h1>
.
.
```

style1.css
```
body{background:
    #eeeeee
    }
h1{font-size: 22px;
   font-family: serif;
   color: blue
   }
```

使用CSS文件指定的示例
- 页面的背景色：灰色
- 字体大小：22px
- 字体：宋体
- 颜色：蓝色

- 将CSS文件作为单独的文件放在外部，并从每个HTML页面引用该文件的示例
- 虽然也有在每个页面内定义样式的方法，但是页数较多时，上述方法是主流
- 可以像上面这样编写CSS，也可以使用Bootstrap等框架，以及可以高效定义CSS的Sass（syntactically awesome stylesheet）（参考6-2节）

知识点

- 由于CSS可以修饰Web网站整体的外观，确保统一感，因此被很多Web网站采用。
- 需要注意的是，CSS的编写比HTML更加复杂，而且需要将两者联系起来。

» 静态页面与动态页面

静态页面与动态页面的定义

使用HTML创建的页面，采用的是一种将根据固定格式编写的文档显示成Web页面的机制。虽然为了让Web页面看起来更加美观也可以使用CSS，但是无论采用哪种方式，它们都是**以对编写的文档进行显示为主的、固定的、不会发生变化的页面**，因此有时也被称为静态页面。

当然，也存在与静态页面不同的动态页面。动态页面是一种**根据用户输入的内容和用户的具体情况，输出的内容会动态发生变化的Web页面**。如图2-9所示，这是一种当浏览器将数据传递给服务器后，服务器端会将执行后的处理结果输出给客户端的机制。

动态页面的示例

接下来，将在下面列举具有代表性的动态页面的示例（图2-10）。

- 搜索引擎
  用户在浏览器中输入需要搜索的关键词，服务器将用户引导至包含该关键词的Web页面。
- 论坛和社交媒体
  用户每发表一次评论，显示的评论就会自动增加。
- 问卷调查
  当回答问卷调查后，就会显示回答内容的确认、谢辞以及结果预览等信息。
- 网上购物
  在商品页面中，如果用户购买了商品，当下一个用户查看该商品时，就会显示库存数量减少或者无库存。

从上述示例可以看出，实际上动态页面才体现出了当前Web的真实面貌，或者说动态页面才是Web中的主角。

图 2-9　静态页面和动态页面的示例

公司简介和企业理念等页面是典型的静态页面
➡ 任何人打开页面看到的都是相同的内容

动态页面的内容会根据用户输入的数据和具体情况动态地发生变化
➡ 根据不同的人和具体的情况显示不同内容的页面

▶可使用100年以上供3代人传承的餐桌
▶与家人、与历史、与当下共享和睦时光

用户A

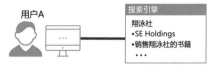

搜索引擎

翔泳社
• SE Holdings
• 销售翔泳社的书籍
• • •

• 用户A输入"翔泳社"
  显示与翔泳社有关的具有代表性的页面
• 其他用户输入其他关键字
  显示其他的结果

用户B

停车场服务

满　空

• 自动上传用户B的纬度和经度信息，提供可用停车场的信息
• 为其他位置的用户提供其他信息

图 2-10　动态页面的代表示例

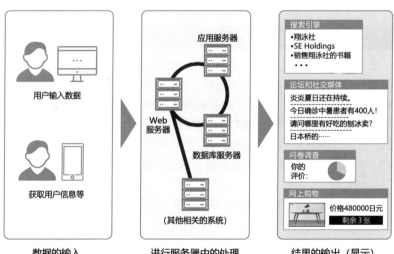

数据的输入　　　　　进行服务器中的处理　　　　　结果的输出（显示）

知识点

✎以显示内容为主且不会发生变化的页面称为静态页面。
✎显示的内容会根据用户输入的数据和具体情况发生改变的页面称为动态页面，这种页面是当前 Web 网站的主角。

» Web网站的HTTP请求

HTTP协议概述

　　人们在访问网站时，总是会习以为常地在开头输入http，实际上这是指的一种通信协议，是所谓TCP/IP协议的一部分。为了方便读者理解，将对HTTP协议进行概括讲解。

　　接下来，将对HTTP与打电话进行对比和分析。在使用电话进行通信时，需要指定电话号码。而**使用HTTP进行通信时，则需要指定唯一的URL作为通信对象**。此外，一旦与对方接通电话，就会一直传输数据，直到断开连接为止。而HTTP则具有每连接一次就会完成一次通信的无状态（stateless）特征（图2-11）。

浏览器发出的请求

　　正如在1-3节中讲解的，使用HTTP浏览Web页面是一个使用HTTP向Web页面请求数据并获得响应的过程。具体来讲，需要在HTTP消息中执行HTTP请求和响应。这种一对一的关系确保了无状态的特性。

　　HTTP请求有很多种。**GET和POST**就是具有代表性的例子，它们称为HTTP方法（图2-12）。浏览器向Web服务器发送的请求就是通过方法来表示的。对以上内容进行概括性的总结，则形式如下：

HTTP协议→HTTP消息→HTTP请求→GET和POST等HTTP方法

　　由于在之前的20～25年POST方法是Web网站的主导，因此，读者在Web相关的旧书中都可以找到上述解释。

图2-11 **HTTP协议的特征**

指定对方的电话号码 03-3××-×××

电话 一直传输数据直到断开为止 03-3××-××××

指定对方的URL (www.shoeisha.co.jp)

www.shoeisha.co.jp

HTTP 传输一次即可断开（无状态），然后再进行下一次的传输

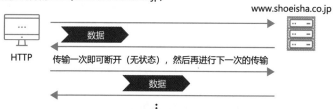

图2-12 **HTTP请求的方法：GET和POST**

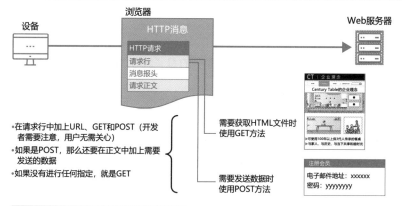

设备　浏览器　Web服务器

HTTP消息
HTTP请求
请求行
消息报头
请求正文

- 在请求行中加上URL、GET和POST（开发者需要注意，用户无需关心）
- 如果是POST，那么还要在正文中加上需要发送的数据
- 如果没有进行任何指定，就是GET

需要获取HTML文件时使用GET方法

需要发送数据时使用POST方法

HTTP方法的示例	说明
GET	获取HTML文件和图像等数据
HEAD	仅获取日期和时间以及数据大小等首部信息
POST	在需要发送数据时使用
PUT	在需要发送文件时使用
CONNECT	通过其他服务器进行通信

消息报头中包含下列信息

- 浏览器的信息（user-agent）
- 来自哪个页面（referer）
- 有无更新（modefied/none）
- Cookie（2-13节将进行讲解）
- 接收的需求（accept）

知识点

✎HTTP是一种通信协议，可以将唯一的URL指定为通信对象并传递数据。

✎HTTP的请求中包括GET和POST等方法。

» Web网站的HTTP响应

针对请求的响应

Web服务器在接收来自浏览器发送的HTTP请求后，需要给出响应。这种响应被称为针对HTTP请求的**HTTP响应**。

HTTP响应就像是翻转过来的HTTP请求一样，主要由状态行、消息首部、正文组成（图2-13）。

状态行包含**发送请求的Web服务器的信息，以及表示如何处理请求的状态码**。

状态码概述

如果状态码如图2-13所示，显示的是"200 OK"，就表示可以进行通信。

这是因为状态码200表示请求已经处理成功。不过，处理成功后，浏览器会正确地显示页面，因此人们是看不到状态码200的。

如果不是开发人员的普通用户也能够理解状态码的含义，那么也可以估计"为什么无法访问这个页面"的原因。

如图2-14所示，状态码范围为100～500。

在众多状态码中，实际在浏览器中看到最多的是404的错误显示。404是一种表示请求中存在问题导致无法正常处理请求的状态码。主要在输入了错误的URL或链接目标已发生变化导致无法找到请求的页面时显示。

400表示浏览的一方或URL中存在问题。500则表示服务器端存在问题。读者可以通过这种方式记住状态码分别表示什么含义。

接下来，将尝试使用开发者工具确认实际的消息和方法。

图 2-13　　　　　　　　　　　**HTTP响应概述**

设备

浏览器

HTTP消息

HTTP响应
状态行
消息报头
响应正文

Web服务器

Web服务器的信息
例如，server nginx

状态码
例如，200 OK

• 对于HTTP响应，即使不是开发者，也建议感兴趣的读者对其进行了解

• 习惯这种格式后，可以查看所访问的服务器和新注册账号的密码

图 2-14　　　　　　　　　　　**主要的状态码**

• 状态码的详细信息可以通过开发者工具进行查看
• 虽然实际在浏览器中看到的大多数是404 Not Found或者403 Forbidden，但是偶尔也可能看到50×或30×

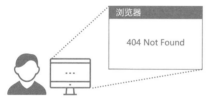

浏览器

404 Not Found

• 虽然这不是用户希望看到的消息，但是如果URL输入错误或链接目标发生变化，就会看到显示了404的页面
• 403表示认证失败

状态码	说明
100	有附加的信息
200	请求已处理成功
301、302等	请求的资源被移动或是请求被重定向到其他位置
403、404等	●告知无法找到请求的资源，即无法进行处理 ●有时也会用400告知请求无效
500、503等	告知由于服务器端的问题而无法进行处理（服务器本身的错误或访问导致过载等）

知识点

✐ 可以通过HTTP响应确认Web服务器的信息和请求是否已处理成功。

✐ 若已知是哪种状态码，就会知道浏览器中显示错误的原因。

》 确认HTTP消息

Chrome的示例

接下来，将基于2-6节和2-7节中讲解的内容，对实际的HTTP请求和响应进行讲解，可以使用浏览器的**开发者工具**（developer tools）对它们进行确认。在这里，将以Chrome的页面为例进行讲解。

下面将分析在浏览翔泳社的Web网站首页时，浏览器首先会发送什么样的请求。

如图2-15所示，由于只是通过输入URL或者单击链接的方式浏览页面，因此使用的是GET方法。Status Code：200 OK表示请求已经处理成功，即为正确显示的状态。再往下移动，就可以看到响应，还可以了解Web服务器的简介。

响应时间的重要性

接下来，将查看如图2-16所示的POST方法的示例。这是一个在SEshop.com首页的右下方单击按钮注册新会员的页面。

这里的Request Method是POST。向下滚动可以查看实际使用POST方法发送的数据。

即使浏览器的开发者工具不是Chrome，而是其他开发者工具，也会显示大致相同的项目。即使不是开发者，但是知道这些信息对开发者来说也有很多帮助，因此读者至少要知道**有这种工具的存在**。开发者不仅会将开发者工具用于请求和响应中，也会将其用于后面将要讲到的响应式支持和断点检查中。

从Web网站的运营者和开发人员的角度看，他们最在意的项目之一是显示在顶部的响应时间。在图2-15的示例中可以看到，由于图像数量很多，因此响应的时间很长。这种图像较多的页面让人们在感官上也能够感觉到很慢，这是因为要显示所有元素需要花费很多时间。

图 2-15　浏览页面的示例（GET方法）

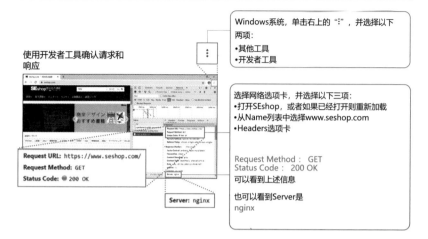

使用开发者工具确认请求和响应

Windows系统，单击右上的"⋮"，并选择以下两项：
- 其他工具
- 开发者工具

选择网络选项卡，并选择以下三项：
- 打开SEshop，或者如果已经打开则重新加载
- 从Name列表中选择www.seshop.com
- Headers选项卡

Request Method ： GET
Status Code ： 200 OK
可以看到上述信息

也可以看到Server是
nginx

Request URL: https://www.seshop.com/
Request Method: GET
Status Code: ● 200 OK

Server: nginx

图 2-16　注册会员页面的示例（POST方法）

使用开发者工具确认注册会员页面的输入

- 电子邮件地址
  （不正确的内容）
- 输入密码

Request Method ： POST
Status Code ： 200 OK
可以看到上述信息

虽然输入的数据不正确，但是请求和响应都得到了正确的处理，因此正确

使用开发者工具确认输入和发送的数据

当没有得到正确的响应时，可能是因为页面本身的绘制、服务器、网络等多种原因，需要开发者能够准确找出问题所在

可以从Form Data确认数据

Date: Mon, 19 Oct 2020 11:52:59 GMT
expires: -1
pragma: no-cache
Server: nginx

知识点

✍ 希望读者能记住存在一种在浏览器中实现的面向开发者的开发者工具。

✍ 希望读者了解开发者工具的查看方式和概述。

》 程序的启动

动态页面的触发

前面已经讲解过，在HTTP中，需要根据浏览器发送的请求执行Web服务器发送的响应。其中，**在动态页面中，通常会采用输入数据→进行处理→输出并显示结果**的执行顺序。进行这一系列处理的网关，即触发的机制被称为CGI（common gateway interface，通用网关接口）。

在输入数据并请求处理的场合，浏览器将输入的数据发送的同时会调用Web服务器中的CGI程序。从开发者的角度看，需要预先将要启动的CGI文件名放在HTML文件中。然后，以CGI程序为起点进行处理并输出结果，如图2-17所示。

图2-17展示的是2-6节中讲解的HTTP请求中的POST方法的示例。

CGI的使用方法

CGI是在静态页面占主导地位的时代为了实现动态页面而在研发过程中诞生的一种机制。实际上，它对如图2-18中所示的环境变量那样定义了详细的规范。Web服务器基本上都支持CGI。

但是，由于CGI每次都需要启动一个单独的进程并打开和关闭文件，因此，**不适用于那些需要面对大量用户访问的大型Web网站的处理**。

CGI只是一个在服务器端接收请求、执行程序和返回动态结果的具有代表性的示例。目前，除了CGI之外，还有数不胜数的编程语言和方法可以实现相同的处理。最著名的有Ruby和Python等编程语言。

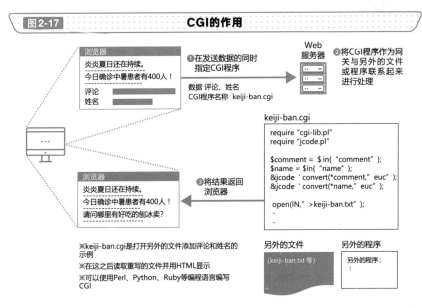

图 2-17 CGI的作用

浏览器
炎炎夏日还在持续。
今日确诊中暑患者有400人！
评论
姓名

❶在发送数据的同时指定CGI程序

数据 评论、姓名
CGI程序名称 keiji-ban.cgi

Web服务器

❷将CGI程序作为网关与另外的文件或程序联系起来进行处理

keiji-ban.cgi

require "cgi-lib.pl"
require "jcode.pl"

$comment = $ in{ "comment" };
$name = $in{ "name" };
&jcode ' convert(*comment," euc);
&jcode ' convert(*name," euc);

open(IN," >keiji-ban.txt");
.

浏览器
炎炎夏日还在持续。
今日确诊中暑患者有400人！
请问哪里有好吃的刨冰卖？

❸将结果返回浏览器

※keiji-ban.cgi是打开另外的文件添加评论和姓名的示例
※在这之后读取重写的文件并用HTML显示
※可以使用Perl、Python、Ruby等编程语言编写CGI

另外的文件

(keiji-ban.txt 等)

另外的程序

另外的程序；
⋮

图 2-18 CGI环境变量的示例

- 由于CGI已经由美国的研究机构NCSA（national centerfor supercomputing applications，美国国家超级计算应用中心）进行了定义，因此制定了详细的规范

- 例如，查看环境变量，就会知道对必要的项目进行了严格的定义

- 使用浏览器调用CGI程序时产生的各种信息都会被代入环境变量中

- 可以使用 $ ENV{'环境变量名'}等获取必要的信息

环境变量的示例	说明
REMOTE_HOST	浏览器用户连接的服务器名称
HTTP_REFERER	调用了CGI程序的页面URL
HTTP_USER_AGENT	调用了CGI程序的浏览器信息
QUERY_STRING	用于发送GET方法的数据时的数据
REQUEST_METHOD	使用POST或GET
SERVER_NAME	运行CGI程序的Web服务器的主机名或IP地址
SERVER_PROTOCOL	HTTP版本

知识点

✎动态页面中模式化的类型通常使用CGI。
✎在处理大量用户访问的Web系统中，使用了其他的机制。

将客户端与服务器分离

Web开发中特有的技术

如果CGI要**进行动态的处理**，不是使用HTML这类用于显示的标记语言，而是需要使用专门执行处理的**脚本语言**来开发Web系统。在这种情况下，可以使用基于在客户端运行的客户端脚本技术和在服务器端运行的技术。

接下来将要讲解的以Web系统为中心不断发展起来的技术，并不会在不使用浏览器或互联网的业务系统中使用，它们需要使用互联网从浏览器连接到以Web服务器为主的各种服务器，或者需要使用API技术实现以上操作。

首先从客户端进行介绍，包括JavaScript和TypeScript等编程语言，这些编程语言主要用于操作比较复杂的页面。

服务器端的技术则包括CGI、SSI（server side include）、PHP、JSP（java server pages）、ASP.NET等。虽然以后的技术难度会越来越高，但是所需实现的功能都可以实现。其中，JSP和ASP.NET专门用于规模比较大的Web系统。在图2-19中分别对这些技术进行了总结。当然，除了列举的这些技术外，还存在很多其他的技术，这里只汇总了一些近年来具有代表性的例子。

可以使用浏览器执行处理

根据图2-19中总结的内容，在图2-20中对每种技术的定位进行了整理。在图2-20中左侧展示的是接近于用户界面的HTML和CSS。若使用的是Node.js，还可以在服务器端使用JavaScript。

虽然技术有很多，但是**根据规模的大小，以及需要实现页面的详细程度和复杂程度不同，可供选择的Web技术也千差万别。**

图2-19　　**Web专用技术的概要**

运行端	Web特有的技术	特点	开发者
客户端	JavaScript	●客户端的代表 ●编写方式接近于HTML和CGI，易于理解	Netscape
	TypeScript	●与JavaScript互相兼容，也可用于大型应用程序 ●推荐给要学习的读者	微软
服务器端	CGI	目前仍在使用的动态页面的基本框架	NCSA
	SSI	●可以通过在HTML文件中嵌入命令的方式创建简单的动态页面 ●以前作为访客计数器与显示日期和时间的标准使用，但是现在已经不再使用	NCSA
	PHP	兼容HTML文件，广泛应用于购物网站	The PHP Group
	JSP	●用于Java平台 ●大型Web开发逐渐转向使用JSP或ASP（active server pages）	Sun
	ASP.NET	充分利用了微软技术的Web系统框架	微软

- 每个领域都有适合用于开发的强大的框架

- JavaScript 的示例：JQuery、vue.js、React、Angular（由 Google 开发）

- CGI 的示例：Catalyst（Perl）

- JSP 的示例：Struts、SeeSea（两者都是 Java）

- 其他还有 Django（Python）和 Ruby on Rails（Ruby）

括号中的是编程语言

图2-20　　**Web专用技术的定位**

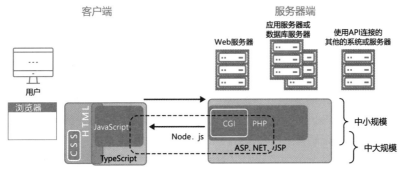

- TypeScript也可支持大型系统
- 除非客户端使用浏览器否则不会使用的技术
- Node.js是一个在服务器端提供JavaScript执行环境的平台，因此JavaScript和TypeScript也可以在服务器端使用

- ASP.NET和JSP是可以支持规模大且范围广的系统的平台

知识点

- 动态处理中模式化的页面所使用的技术大体上是确定的。
- 根据规模的大小和需要实现页面的详细程度，使用的技术也有所不同。

≫ 客户端的脚本语言

使用浏览器执行处理

服务器端的脚本包括CGI，需要在服务器端进行处理，如图2-17所示。客户端可以进行什么样的处理，可参考图2-21中的JavaScript的示例，展示的是输入用户电子邮件地址和密码的示例。可以看到**浏览器正在对输入的数据进行一些基本的合法性检查**。

以上是在浏览器中完成的处理。由于图2-21中展示的只是一个很简单的例子，因此只对输入项是否为空白，是否输入了必须使用的字符串等内容进行了检查，但是这些处理是使用JavaScript完成的。

如果与图2-17中CGI的示例进行比较，就可以发现进行哪些处理能够实现需要的页面。

JavaScript、TypeScript与ASP.NET的原型

JavaScript是一种自20世纪90年代发布以来一直被人们沿用至今的编程语言。

另外，TypeScript则是微软于21世纪发布的比较新的编程语言。由于它既能与JavaScript相互兼容，又具有强大且丰富的功能，甚至被Google推荐，因此，**未来有望扩大在各种不同领域的应用**。

ASP.NET是一个令微软引以为傲的可以使用互联网进行系统开发的平台。它的原型是于20世纪90年代后期诞生的动态服务器页面（active server pages，ASP）。图2-22说明了当时的情况。如果是比较早的Web应用程序可能会出现这类软件的名称，因此在这里提出来供读者参考。

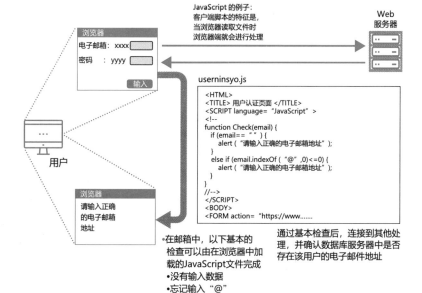

图 2-21　　JavaScript的示例

JavaScript 的例子：
客户端脚本的特征是，
当浏览器读取文件时
浏览器端就会进行处理

Web 服务器

浏览器

电子邮箱： xxxx

密码　： yyyy

输入

用户

useninsyo.js

```
<HTML>
<TITLE> 用户认证页面 </TITLE>
<SCRIPT language= "JavaScript" >
<!--
function Check(email) {
  if (email== " " ) {
    alert（"请输入正确的电子邮箱地址"）;
  }
  else if (email.indexOf（"@" ,0)<=0) {
    alert（"请输入正确的电子邮箱地址"）;
  }
}
//-->
</SCRIPT>
<BODY>
<FORM action= "https://www.......
```

浏览器

请输入正确
的电子邮箱
地址

• 在邮箱中，以下基本的
检查可以由在浏览器中加
载的JavaScript文件完成
• 没有输入数据
• 忘记输入 "@"

通过基本检查后，连接到其他处
理，并确认数据库服务器中是否
存在该用户的电子邮件地址

• JavaScript也会在8-5节中进行讲解，它在动态画面和通信处
理的控制方面也很擅长

图 2-22　　20世纪90年代后期ASP概述

浏览器

动态

用户

请求

响应

Web服务器
• Windows NT4.0
• IIS：Internet Information Server
• ASP

能够轻松地连接数据库非常重要

数据库服务器
SQL Server、Oracle、
Access等

• 在ASP中，运行在服务器上的脚本需要使用HTML
编写，当收到来自HTML页面的请求时，就会执行
脚本并动态生成页面

• 因为当时数据库的连接非常的简单，所以使用数据
库时，基本上都会使用ASP

• 当时微软的Web服务器是IIS

• ASP中的编程语言使用的是VBScript和JavaScript

知识点

⚟ 使用 JavaScript，可以在浏览器中进行处理。

⚟ 在将来，TypeScript 可能会扩大其应用领域。

服务器端的脚本语言

PHP与CMS的关系

在服务器端的技术中，PHP是最重要的技术，这是因为它常用于称为CMS（content management system，内容管理系统）的**Web网站的套装软件**（图2-23）。

因CMS闻名的WordPress和专门用于EC（electronic commerce，电子商务）的EC-CUBE的基础部分也是由HTML和PHP组成的。即使不具备专业的编程知识，也可以在短时间内轻易地创建出漂亮的网站或博客。现在日本超过半数的提供知名产品和服务的大中型企业都在使用CMS，**它们都是由大量的PHP文件组成的**。因此，与其说是为了从零开始创建Web网站而学习PHP，不如说学习PHP是为了可以在现有的优秀软件包中添加具有个性化特色的内容（自定义），这样理解起来会更容易。

PHP的使用示例

虽然PHP是在服务器端运行的脚本语言，但是由于PHP也可以嵌入HTML中进行使用，因此代码的编写比较简单。此外，在完成了图2-21中对基本数据的检查后，也适用于图2-24所示的PHP向数据库查询并返回结果的处理。

在讲解"PHP与CMS的关系"内容中，已经讲过希望可以使用PHP对软件进行自定义。如图2-24所示，在接收上一个文件后，名称为user_touroku_arinashi.php的PHP文件正在查询数据库。PHP文件在与哪一个处理进行关联的同时又负责什么样的处理，执行具体操作的变量是什么，是需要理解的重点。特别需要注意的是，使用CMS时经常需要自定义结果和变量的显示方式。

图 2-23 　CMS概述

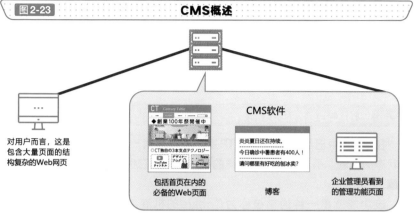

CMS软件

对用户而言，这是包含大量页面的结构复杂的Web网页

包括首页在内的必备的Web页面

博客

企业管理员看到的管理功能页面

- CMS中封装了基本的Web页面、博客和管理功能页面等
- 综合性的WordPress和面向EC的EC-CUBE非常著名，WordPress在CMS中的份额已经超过80%
- 也有面向个人和小型网站的wix等
- 如果引入该系统的企业有了相关内容和Web服务器，就可以在短时间内建立Web网站
- 许多CMS由PHP文件组成

图 2-24 　PHP的使用示例

Web服务器

user_touroku.js

```
<HTML>
<TITLE> 用户认证页面 </TITLE>
<SCRIPT language= "JavaScript" >
<!--
function Check(email) {
    if (email== " " ) {
        alert（"请输入正确的电子邮件地址" );
    }
    else if (email.indexOf（"@" ,0) <=0) {
        alert（"请输入正确的电子邮件地址" );
    }
}
//-->
</SCRIPT>
<BODY>
<FORM action= "https://www.......
        :
```

email
（电子邮件地址）
PW
（密码）

user_touroku_arinashi.php

```
<HTML>
<TITLE> 用户是否登录　确认页面 </TITLE>
<BODY>
.
<?php
.
$kakunin_email= "email" ;
$kakunin_pw= "pw" ;
mysql> select * from member where member_email=
'kakunin_email' ;
?>
.
.
.
```

PHP也可以混杂在HTML格式中

最先输入的email数据是否保存在数据库中的member表中

数据库的member表

member_email	member_pw

知识点

✐ PHP经常作为服务器端的技术应用于各种场景。

✐ 在构成CMS的文件群组中，PHP占有很大的比重。

≫ 支持重新连接的机制

使用Cookie的利弊

在2-6节中已经讲解过，HTTP是一种每通信一次都会断开连接并进入无状态的机制。虽然基本上是这样的机制，但是它也实现了**支持重新连接的功能**。

该功能就是一种通常被称为Cookie的机制。它的正式名称为HTTP Cookie。Web服务器会将Cookie包含在要发送给浏览器的HTTP响应中一起发送。

当浏览器再次访问已经给自己发送过Cookie的Web服务器时，Web服务器就会读取该Cookie，并且会将浏览器识别为这是"刚刚那个人（浏览器）"，或者是"之前那个人（浏览器）"，或者是"从那个网站跳转过来的人"，从而作出不是初次访问的用户的反应（图2-25）。

在使用该功能时，需要在浏览器中设置允许包括Cookie在内的交互。但是需要注意的是，虽然购物网站使用起来非常方便，但是，网站有可能会不断地推荐商品，或者可能会存在个人信息被带有恶意的第三者读取从而被人冒充等风险。

通过浏览器查看

如果没有为Cookie设置有效期，在关闭浏览器时，Cookie就会被删除。如果设置了有效期，就可以将Cookie保存一段时间。虽然通常会将Cookie用于访问Web网站和营销商品及服务等不同的应用场景，但是Web服务器端需要提供对安全方面的支持和采用个人信息保护机制。如图2-26所示，**使用浏览器可以很轻松地查看Cookie**。当然，也可以使用开发者工具查看。建议读者尝试使用自己的浏览器查看Cookie。在图2-26可以见到这种机制的奇妙之处，也可以看到它在某种意义上的可怕之处。

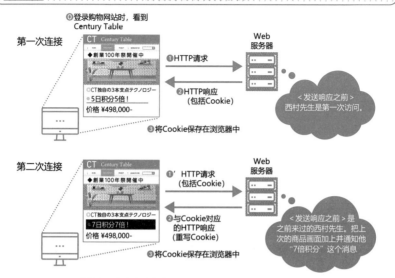

图2-25　　购物网站访客的示例

◎登录购物网站时，看到
Century Table

第一次连接

CT Century Table
◆創業100年祭開催中
○CT独自の3本支点テクノロジー
◎5日積分5倍！
价格 ¥498,000-

Web
服务器

❶HTTP请求

❷HTTP响应
（包括Cookie）

❸将Cookie保存在浏览器中

＜发送响应之前＞
西村先生是第一次访问。

第二次连接

CT Century Table
◆創業100年祭開催中
○CT独自の3本支点テクノロジー
◎7日積分7倍！
价格 ¥498,000-

Web
服务器

❶′HTTP请求
（包括Cookie）

❷与Cookie对应
的HTTP响应
（重写Cookie）

❸将Cookie保存在浏览器中

＜发送响应之前＞是
之前来过的西村先生。把上
次的商品画面加上并通知他
"7倍积分"这个消息

※若站在用户的角度考虑，还是在合适的时机删除Cookie比较好。

图2-26　　查看Cookie的示例

使用浏览器查看Cookie

•Windows的Chrome是按照单击右上
角"⋮"→设置→隐私设置和安全性→
Cookie及其他网站数据的顺序进行选择
•在此示例中，虽然浏览的是
SEshop.com，但是包含了Amazon和
Facebook的Cookie。这是Web营销
的常用手段

使用开发者工具
查看Cookie

•Application标签
•Storage区域
•Cookies
按照上面的顺序单击
多个Cookie

Storage　　　　Application

Cookies
https://www.seshop.com
https://cdn.cxpublic.com

※日本于2020年6月颁布的个人信息保护法的修订版中，要求企业在将个人信息和
Cookie结合使用时，必须预先征得用户本人的同意

知识点

✎ 在浏览器与 Web 服务器之间实现了支持重新连接的功能。

✎ 由于使用浏览器就可以查看 Cookie，因此建议读者不定期地进行检查浏
览器。

» 系列处理流程的管理

如何在服务器端管理连接流程

在2-13节,对Cookie进行了详细的讲解。虽然设置了Cookie后,就可以重新连接无状态下每次断开连接的HTTP,但是服务器和Web应用端是使用**会话**(session)方式进行管理的。

一个会话仅仅意味着一个处理从开始到结束的过程。从Web系统开发的角度看,会话是一种为了与多个Web页面和应用程序进行连接,而将信息保存在服务器上与浏览器进行通信的机制。

实际上,在Cookie中包含一个表示一系列处理的唯一**会话ID**,让浏览器和服务器不断地进行通信(图2-27)。从用户的角度来看,这是一种即使同时浏览购物网站和其他网站,购物车中也会保留选定商品这种日常会接触到的机制。

会话的唯一ID

由于会话是在服务器端进行管理的,因此当浏览器访问服务器时,服务器就会从声明会话开始进行处理。虽然会话ID需要使用Cookie进行交换,但是为了以防万一,即使会话ID被其他用户窃取也不会出现问题,**会话ID生成的是一组没有任何含义的英文字母和数字**。会话ID与用户的购物状态是在服务器端进行绑定的。

会话管理在目前的Web系统中,是将一次又一次横向的通信整理成纵向排列的串行,并处理基本且重要的功能。另外,由于会话管理本身是一个模式化的处理过程,因此在实际开发当中通常会使用成熟的框架来实现这一功能。

图2-27 会话的概述

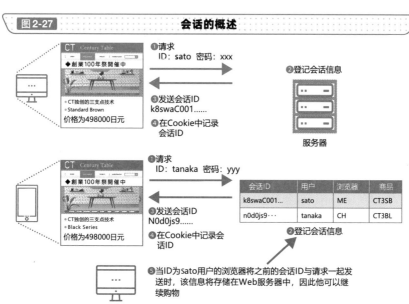

注：ME为浏览器Microsoft Edge的缩写；
　　CH为浏览器Chrome的缩写。

图2-28 开始会话与会话ID的示例

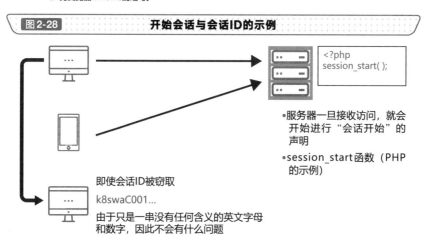

知识点

✎ 服务器端使用会话ID对浏览器和服务器之间的一系列处理进行全局唯一的管理。

✎ 会话ID本身由一串没有任何含义的英文字母和数字组成。

开始实践吧

HTML 与 CSS

在第2章，对HTML和CSS进行了详细地讲解。在使用HTML 5版本的Web页面中，基本上需要在HTML中定义内容和句子的结构，再使用CSS定义页面的外观和设计。

无论是HTML还是CSS都可以使用Windows附件中的记事本、编辑器和Word创建。请读者参考图2-8，尝试动手编写代码。

在图2-8中展示的是三个HTML文件对应一个CSS文件。接下来，为了了解使用CSS不同，将使用两个HTML文件和两个CSS文件进行分析。

使用 CSS 的示例

读者可尝试使用两个几乎相同的HTML文件和两个定义不同的CSS文件编写简单的代码。示例如下所示，再将文件的扩展名分别指定为.html和.css，并将它们保存在同一个文件夹中。

公司简介与人才招聘的**HTML**改变了背景色和标题的不同的**CSS**

这是由两个HTML和两个定义不同的CSS文件组成的2×2的案例，因此在HTML文件中对设计进行定义也没有问题。但是如果是页面数量较多、设计模式较多、后面可能需要进行修改的场合，就能更加真实地体会CSS的方便之处。

为 Web 提供支持的技术——

Web 相关功能与服务器的创建

》 为整个Web提供支持的技术

Web与电子邮件的服务器及功能

如果将1-10节中讲解的"信息通信白皮书"中的问卷调查作为参考，那么也可以认为互联网 = Web + 电子邮件。在本节中，将基于这个公式，重新对与Web服务器相关的服务器和系统进行整理。

如图3-1所示，从Web和电子邮件本身具备的功能和两者之间可以共同使用的功能出发，对与Web和电子邮件相关的服务器、系统和功能进行了大致的分类。

读者可以看到，图3-1中包含**Web服务器和FTP服务器，两者通用的DNS、Proxy、SSL服务器，以及电子邮件专用的SMTP服务器和POP3服务器**。由于图3-1中只介绍了概括性的内容，因此没有展示Web服务器后台的应用服务器和数据库服务器。如果用户比较少，那么也可以将这些服务器和功能集中在一台服务器中。

连接Web服务器的路线

接下来，将为读者介绍当使用企业或组织的内部网络的用户从内部网络访问Web服务器时，会有哪些重要角色（服务器和功能）。

如图3-2所示，虽然左侧展示的是企业或组织的网络，但是与ISP签订通信服务合同的个人用户也几乎是以同样的形式进行通信的。如图3-2所示，**用户的PC会通过DNS和Proxy服务器等机制访问目标Web服务供应商的网络**。通信协议需要使用3-2节中讲解的TCP/IP。

虽然从Web技术的角度看，Web服务器最重要，但是读者也需要知道每种服务器及其功能是如何结合在一起的。

接下来，将对每种功能进行讲解。

図 3-1　Web与电子邮件的服务器

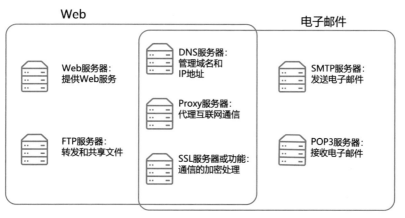

Web　　　　　　　　　　　　　　　　电子邮件

Web服务器:
提供Web服务

DNS服务器:
管理域名和
IP地址

SMTP服务器:
发送电子邮件

Proxy服务器:
代理互联网通信

FTP服务器:
转发和共享文件

POP3服务器:
接收电子邮件

SSL服务器或功能:
通信的加密处理

DNS、Proxy、SSL服务器为电子邮件和
互联网双方提供支持

图 3-2　连接Web服务器的路线

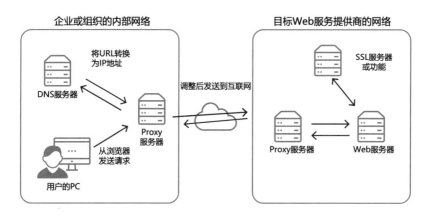

企业或组织的内部网络　　　　　　　　　　目标Web服务提供商的网络

将URL转换
为IP地址

SSL服务器
或功能

DNS服务器

调整后发送到互联网

Proxy
服务器

从浏览器
发送请求

Proxy服务器　　　Web服务器

用户的PC

知识点

∥ 与Web相关的服务器或功能包括FTP、DNS、Proxy、SSL、SMTP、POP3
的服务器等。

∥ 用户需要通过其他服务器或功能才能访问Web服务器的网络。

第 **3** 章

为 Web 提供支持的技术——Web 相关功能与服务器的创建

访问Web的基础知识

TCP/IP概述

如前面所讲解的，在PC和智能手机等设备与Web服务器进行通信时，需要使用TCP/IP协议。IP地址在其中担负着核心的作用。虽然协议（protocol）在IT术语中是表示通信的处理步骤，但是它原本的含义是指在以前的战争中使用的烽火或外交礼仪规则。

在目前的信息系统中，可以使用四个网络分层表示的TCP/IP协议是主流，如图3-3所示。在设备和服务器的应用程序之间，需要确定收发信息的顺序和数据的格式，例如，HTTP、电子邮件专用的SMTP和POP3等，它们都被称为应用层的协议。

应用层负责确定设备与服务器之间如何进行数据交换，**传输层**则只负责将数据传递给对方。传输层中有两种协议：一种是每次在发送数据时都会显式地指定接收方和数据的TCP协议；另一种是像电话那样，一旦与对方连接就会持续地交换数据，直到断开连接为止的UDP协议。

在确定了如何交换、发送和接收数据之后，接下来就要确定选择哪个路径传输数据。通常需要在被称为**网际层**的网络层中使用IP地址来确定路径。

确定好路径后，最后一步就是进行物理通信。可以使用被称为**网络接口层**的无线Wi-Fi、有线局域网、Bluetooth等媒介进行通信。

数据的封包

数据会在上述四个网络分层中，从左到右依次按照顺序从设备被传递到目的地，如图3-4所示。在每个网络层中，都会添加该层的首部信息并进行封包处理，然后再将数据传递到下一个网络层。

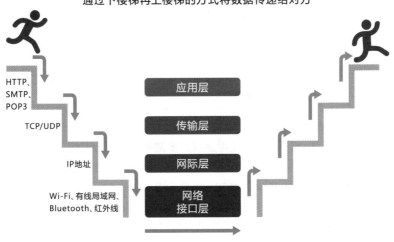

图3-3 **TCP/IP的四个网络分层**

通过下楼梯再上楼梯的方式将数据传递给对方

HTTP、
SMTP、
POP3

TCP/UDP

IP地址

Wi-Fi、有线局域网、
Bluetooth、红外线

应用层

传输层

网际层

网络
接口层

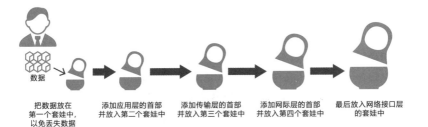

图3-4 **数据的封包**

数据

把数据放在
第一个套娃中,
以免丢失数据

添加应用层的首部
并放入第二个套娃中

添加传输层的首部
并放入第三个套娃中

添加网际层的首部
并放入第四个套娃中

最后放入网络接口层
的套娃中

进入对方的网络之后,"套娃"会被一个一个地取出,最后还原出原始数据

※"套娃"是俄罗斯著名的民间工艺品,通常五个为一组

知识点

✐Web 需要使用TCP/IP协议进行通信。

✐TCP/IP 协议栈由应用层、传输层、网际层和网络接口层四个网络分层
组成。

≫　IP地址与MAC地址的区别

什么是地址

在互联网上，当设备和（如Web服务器）计算机等进行通信时，需要使用IP地址互相呼叫。

IP地址是一种**用于识别网络中通信对象的号码**。在目前使用的最广泛的IPv4中，IP地址是使用四个点将0 ~ 255的数字分成四个部分来表示的。不过，后续IPv6的使用也在逐渐增加（图3-5）。

由于可以为每个网络分配IP地址，因此，可能会存在某企业内部的服务器的IP地址和另一家企业内部的服务器的IP地址相同的情况。不过，在互联网上的服务器的IP地址全部都是唯一的地址，并需要与1-4节中讲解的域名配对使用。

MAC地址的使用方法

IP地址是指供计算机的软件识别的网络地址。而除了IP地址之外，每台网络设备都拥有的**MAC地址**则是供硬件识别的地址。

MAC地址是**用于识别网络内设备的号码**，是一种使用五个冒号或连字符，将由两位数的英文字母或数字组成的六组数值连在一起的一串号码。作为参考，将在图3-6中指定需要连接的计算机的IP地址，再按照顺序进行连接。

应用程序会指定IP地址，并根据操作系统中的IP地址簿查找MAC地址。如果像图3-6中的步骤❹那样，当遇到内部网络中不存在目标IP地址的情况时，就需要进入互联网查找该IP地址。

这里Web服务器的IP地址是存在的，那么需要访问Web服务器的设备的IP地址又是什么样的呢？

图 3-5　**IP地址表示方法的示例**

二进制表示法

1100 0000	1010 1000	0000 0001	0000 0001
8 bit	8 bit	8 bit	8 bit

•以8 bit 为单位转换成
十进制 (0 ~ 255)
•可以使用 "." 进行分隔

十进制表示法　　**192 . 168 . 1 . 1**

在IPv4中，可以使用2^{32}个 (大约43亿个) IP地址

- 在IP地址的描述中，经常会使用192.168.1.1进行说明，　这是因为该IP地址经常被用作路由器等设备的省略值使用
- IPv4的后继IPv6的使用也在逐渐增加
- 在IPv6中可以使用2^{128}个IP地址
- 随着物联网系统的不断引入，以及各种传感器和设备联网需求的增加，IPv4可能会耗尽IP地址，因此可能会逐步使用IPv6的地址

图 3-6　**如果逐步查找没有找到IP，需要进入互联网查找**

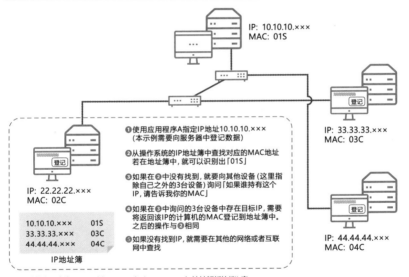

IP: 10.10.10.×××
MAC: 01S

IP: 33.33.33.×××
MAC: 03C

❶ 使用应用程序A指定IP地址10.10.10.×××
(本示例需要向服务器中登记数据)

❷ 从操作系统的IP地址簿中查找对应的MAC地址
若在地址簿中，就可以识别出「01S」

❸ 如果在❷中没有找到，就要向其他设备 (这里指除自己之外的3台设备) 询问「如果谁持有这个IP，请告诉我你的MAC」

❹ 如果在❸中询问的3台设备中存在目标IP，需要将返回IP的计算机的MAC登记到地址簿中。之后的操作与❷相同

❺ 如果没有找到IP，就需要在其他的网络或者互联网中查找

IP: 22.22.22.×××
MAC: 02C

10.10.10.×××	01S
33.33.33.×××	03C
44.44.44.×××	04C

IP地址簿

IP: 44.44.44.×××
MAC: 04C

- IP地址簿也可称为ARP (address resolution protocol, 地址解析协议) 表
- IP地址是可以任意分配给网络内部设备的地址，而MAC地址则是在设备制造时分配的无法更改的唯一编号

知识点

✎ IP 地址是一种用于识别网络中通信对象的号码。

✎ MAC 地址是一种为设备分配的号码。

» 分配IP地址

DHCP概述

由于需要使用IP地址才能在互联网中进行通信，因此双方都需要知道对方的IP地址。此时，就是动态DHCP（dynamic host configuration protocol，动态主机配置协议）发挥作用的时候了。

例如，当需要使用企业内部网络连接新的计算机时，就需要添加和分配一个IP地址。此时，新接入网络的客户端PC访问服务器操作系统中的DHCP服务，以获取自己的IP地址和DNS服务器的IP地址（图3-7）。

DHCP端会**指定规定范围内未使用的IP地址并将其分配**给新连接的客户端PC。

IP地址的范围和有效期由系统管理员通过服务器进行管理。

动态分配IP地址

由于企业内部的服务器和网络设备非常重要，并且功能也不会发生变化，因此会分配固定的IP地址。而客户端PC通常会由DHCP**动态地分配**IP地址（图3-8）。

因此，当个人通过ISP或其他方式访问Web网站时，可能会被分配固定的IP地址，也可能会被分配动态的IP地址。如图3-8所示，其中使用ISP的DHCP功能分配了临时的IP地址。

例如，若从www.shoeisha.co.jp的Web服务器角度看，则A先生当前访问网站的设备的IP地址和昨天访问网站的设备的IP地址，即使是同一台设备，地址也可能不同。

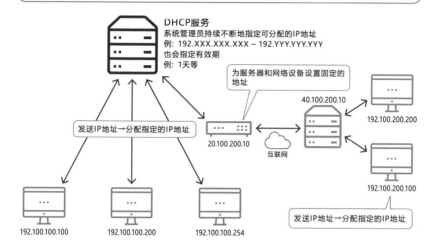

| 图3-7 | 使用DHCP分配IP地址 |

DHCP服务
系统管理员持续不断地指定可分配的IP地址
例: 192.XXX.XXX.XXX ~ 192.YYY.YYY.YYY
也会指定有效期
例: 1天等

为服务器和网络设备设置固定的地址

40.100.200.10

192.100.200.200

发送IP地址→分配指定的IP地址

20.100.200.10

互联网

192.100.200.100

192.100.100.100　　192.100.100.200　　192.100.100.254

发送IP地址→分配指定的IP地址

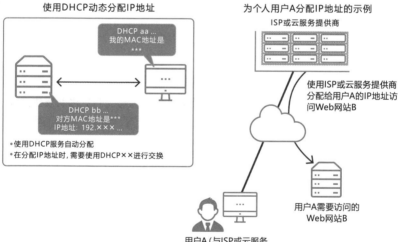

| 图3-8 | 动态分配IP地址 |

使用DHCP动态分配IP地址

DHCP aa ...
我的MAC地址是
***

DHCP bb ...
对方MAC地址是***
IP地址: 192.×××...

· 使用DHCP服务自动分配
· 在分配IP地址时, 需要使用DHCP××进行交换

为个人用户A分配IP地址的示例
ISP或云服务提供商

使用ISP或云服务提供商分配给用户A的IP地址访问Web网站B

用户A需要访问的
Web网站B

用户A(与ISP或云服务
提供商签订合同)

知识点

∥DHCP的作用是负责在网络内部分配IP地址。

∥设备端的IP地址往往是动态分配的, 因此如果日期和时间不同, 即使使用的终端相同, IP地址也可能不同。

第**3**章

为Web提供支持的技术——Web相关功能与服务器的创建

61

》 连接域名与IP地址

DNS的作用

DNS是domain name system（域名系统）的缩写，是一种专门用于**连接域名和IP地址的功能。**

可以将DNS用于以下两大应用场景中。

- 将使用浏览器输入的域名转换成IP地址。
- 将电子邮件地址中位于"@"符号后面的域名转换成IP地址。

虽然人们注意不到DNS的存在，但是它对于Web和电子邮件而言，是一种需要经常使用且非常重要的功能。此外，如图3-9所示，可以将DNS分为DNS缓存服务器和DNS内容服务器这两种不同作用的服务器。

DNS的存在

实际上，DNS本身**会随着用户数量和网络系统规模的变化而发生变化。**

例如，若是小型企业或团体，则不会单独设置DNS服务器，通常会将它作为电子邮件或Web服务器中的一种功能使用。

如果是一家拥有数千名或更多员工的大企业，由于电子邮件和Web网站的访问量巨大，因此不仅需要设置独立的DNS服务器，还需要对用于电子邮件和用于Web网站的服务器进行区分，甚至需要对这些服务器进行冗余化。此外，也可以使用类似于域名分层结构的方式对DNS进行划分。将服务器分为缓存、路由、域的同时，使用域对其进行分支处理（图3-10）。

ISP和云服务供应商提供的DNS服务，由于用户数量多，系统规模大，因此通常采用的就是上述复杂的结构。

图 3-9　　　　　　　　　　DNS的作用

在客户端查询@××.co.jp
的IP地址

DNS服务器

将@××.co.jp、www.××.co.jp的××.co.jp
转换成IP地址（123.123.11.22）

DNS服务器有两种

如果目标域名的IP地址在缓
存服务器中，就由缓存服务
器发送响应

如果目标域名的IP地址
不在缓存服务器中，则
询问内容服务器

内容服务器向
缓存服务器返回响应

获取IP地址后就可
以浏览Web网站

DNS缓存服务器：
响应客户端的请求

DNS内容服务器：拥有
对应表，也可提供对外
部DNS的支持

图 3-10　　　　　　　　　　DNS的不同功能

电子邮件和Web服务器中提供了DNS功能
（使用外部的DNS服务器）

DNS的冗余化
（Web服务器的示例）

Web服务器

DNS
功能

※设置托管服务提供商
的DNS服务器

电子邮件服务器

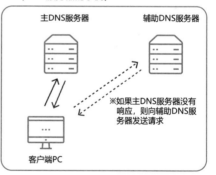

主DNS服务器

辅助DNS服务器

※如果主DNS服务器没有
响应，则向辅助DNS服
务器发送请求

客户端PC

为 Web 提供支持的技术——Web 相关功能与服务器的创建

第 3 章

知识点

∥DNS是一种专门用于连接域名与IP地址的功能。

∥DNS的存在形式会根据用户数量和网络系统规模的变化而发生变化。

» 互联网的通信代理

互联网通信的代理与高效化

当用户从企业内部访问外部的 Web 服务器时，或者当个人通过 ISP 访问 Web 网站时，各个终端的 IP 地址并不会暴露给外部。

在这种情况下，从每个客户端的角度看，Proxy 服务器发挥着**互联网通信代理**的作用（图 3-11）。

Proxy 直译就是代理。例如，若企业内部的多个客户端需要浏览同一个 Web 网站，则第二台及以后浏览的客户端都是浏览 Proxy 服务器中的缓存数据。Proxy 服务器不仅可以负责代理，还可以有效提高通信的效率。

Proxy的作用

如果读者是企业的员工或者组织的成员，那么是不是遇到过无法浏览某些 Web 网站，或者浏览网站时页面中显示了禁止标记的情况呢？

以上这些也是 Proxy 的功能。它可以根据管理员的设置，来阻止员工访问企业不希望员工访问的网站或者存在安全隐患的网站。此外，它还可以阻止外部的非法访问以此来保护客户端不受侵害。它发挥的是防火墙的作用（图 3-12）。例如，若是小型企业或组织，就可以不单独设置 DNS 服务器，而是将它作为一种功能安装在电子邮件或 Web 服务器中。

虽然从用户的角度看，Proxy 具有很多的优点。但是从 Web 网站的角度看，这将导致**无法知道具体是来自谁的访问**（只大概知道是哪家企业的员工）。即使接收来自同一家企业或网络的多个访问，由于数据分析可能会受到限制，因此，从某种意义上讲，Proxy 也是一种很烦琐的功能（图 3-12）。

图3-11

Proxy服务器的作用

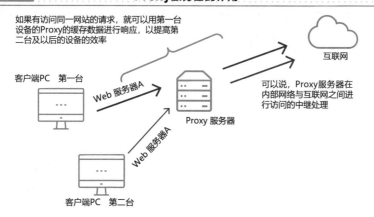

如果有访问同一网站的请求，就可以用第一台设备的Proxy的缓存数据进行响应，以提高第二台及以后的设备的效率

客户端PC　第一台

Web 服务器A

Proxy 服务器

互联网

可以说，Proxy服务器在内部网络与互联网之间进行访问的中继处理

Web 服务器A

客户端PC　第二台

图3-12

Proxy的作用与某些视角的棘手问题

在家可以随意浏览的拍卖网站等，在公司则会显示禁止访问标记或警告

Proxy 服务器

还可以使客户端免遭来自外部的非法访问

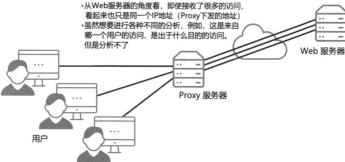

• 从Web服务器的角度看，即使接收了很多的访问，看起来也只是同一个IP地址（Proxy下发的地址）
• 虽然想要进行各种不同的分析，例如，这是来自哪一个用户的访问、是出于什么目的的访问。但是分析不了

Web 服务器

Proxy 服务器

用户

知识点

✎ Proxy具有代理互联网通信的功能，通常在公司和ISP的网络出入口处发挥作用。

✎ 从Web网站的角度看，由于使用了Proxy，因此无法识别网络中的具体个人，也就无法进行详细的访客分析。

第3章

为Web提供支持的技术——Web相关功能与服务器的创建

在浏览器与Web服务器之间进行加密

通信的加密

在企业或团体的URL地址中，以https开头比使用传统的http开头的情况多，地址以https开头的Web网站，表示该网站已经实现了对互联网上的通信进行的**SSL**（secure sockets layer，安全套接层协议）。**使用SSL的目的在于对互联网上的通信进行加密处理，以防止带有恶意的第三者窥视和篡改数据**。如图3-13所示，虽然其中的主角是客户端PC和外部的Web服务器，但是SSL服务器的功能为Web服务器提供安全可靠的支持。URL地址中只要使用了https就意味着该网站采取了严格的安全措施。在智能手机中，可以看到在浏览器的左上角会显示一个简单易懂的密钥标记。

SSL的处理流程

SSL的处理流程如图3-14所示。使用SSL的通信，需要从服务器和客户端两方确认开始。

经过确认后，服务器会发送数字证书和加密所需的密钥，当通信双方专用的加密和解密的准备工作完成后，就可以进行实际的数据通信了。如图3-14所示，虽然处理流程看上去有些复杂，但是作为用户是无须知道的。

虽然有一些Web网站在输入个人信息或进行支付时会将"http:"转换为"https:"，但是目前的主流做法是从首页到所有的页面都使用https:进行显示，可自动将用户输入的"http:"转换成"https:"的处理被称为重定向（参考7-7节）。无论是哪种情况，在访问该网站的那刻起，就已经在执行SSL协议对通信进行加密保护了。这意味着各个网站都在加强保护个人信息和提高安全意识。**以后的Web网站，将必须使用https:**。

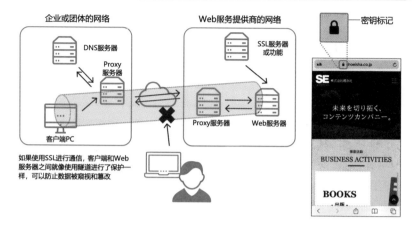

图 3-13 SSL的定位与密钥标记

企业或团体的网络

Web服务提供商的网络

密钥标记

DNS服务器

Proxy服务器

客户端PC

SSL服务器或功能

Proxy服务器　Web服务器

如果使用SSL进行通信，客户端和Web服务器之间就像使用隧道进行了保护一样，可以防止数据被窥视和篡改

图 3-14 SSL的流程

确认使用SSL进行通信

数字证书已经确认。使用公钥对用于通信加密的共享密钥进行加密并将其发送出去

发送数字证书和公钥

使用拥有加密后的共享密钥的私钥进行解密处理

客户端PC

成功完成了专用的加密和解密处理，接下来将开始交换数据

Web服务器

- 在客户端和Web服务器之间进行数据交换之前，确认要通过SSL进行通信，再确认加密的步骤
- SSL采用的是将共享密钥和公开密钥加密方式进行组合的加密方式

知识点

⌒ SSL作为实现互联网上安全通信的协议被广泛地应用于不同场景中。

⌒ 需要保存和处理个人信息等数据的企业或团体的Web网站必须提供对SSL的支持。

» 向Web服务器传输文件和识别请求

互联网上的文件传输和共享

FTP（file transfer protocol，文件转换协议）是一种将文件上传到Web服务器的协议，用于在互联网上与外部服务器共享文件。

如果是在同一网络中共享文件，将目标文件保存在文件服务器中即可实现。但是如果是通过互联网与外部共享文件，那么这种方式就行不通了。

例如，若个人与ISP签订了Web服务器的合同，通常就可以在自己的PC上使用FTP软件，通过指定IP地址或FTP服务器名的方式与外部进行连接。**在接通连接完成之后，就可以通过FTP在Web服务器上创建文件夹和传输文件。**

要使用FTP的功能，必须分别在客户端和服务器上安装FTP软件。

用户所见的运用

FTP与HTTP的通信协议不同，但是对于ISP中的服务器，FTP服务的功能就是在Web服务器中实现的。

对于FTP和HTTP的连接，Web服务器端是通过TCP/IP首部中包含的端口号来进行区分的（图3-15）。在实际运用时，由于已经预先约定了HTTP协议使用80号端口，FTP协议使用20号和21号端口，HTTPS协议使用443号端口，因此**服务器会根据实际的请求以分支方式进行连接**。当然，其中也包含电子邮件专用的SMTP和POP3协议等（图3-16）。相关内容将在9-2节进行讲解。这些设置也是防火墙的设置。

虽然作为用户不用关心这些内容，但是使用的协议和端口号取决于用户使用的是浏览器、FTP软件，还是使用的电子邮件软件进行通信。

图 3-15　　端口号分类

- 如果不具备FTP的功能，就无法从外部向Web服务器转发文件

➡ 无法添加或更新内容

- 但是，正如右表所示，TCP/IP的下面有各种不同的请求

- 就像根据船只大小和它所载货物的不同，到达的港口（装货港或码头）也会不同一样

协议	TCP首部的端口号
FTP	20和21
HTTP	80
HTTPS	443
IMAP4	143
POP3	110
SMTP	25
SSH	22

- 除了上述端口号之外，还有DHCP的67或68的UDP的端口号
- 这些被称为已知端口号，是为服务器端的基本的应用程序预留的端口号。除此之外，还有一些没有预先进行定义的动态端口号
- 将在9-2节进行讲解，这些设置也是防火墙的设置

图 3-16　　用户所见的实际运用示例

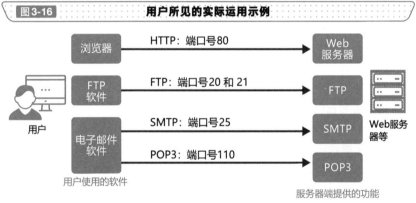

- 例如，在使用ISP提供的Web服务器时，Web服务器和电子邮件服务器等其他功能通常集中在一台服务器中
- 根据用户的软件和对应的协议以及端口号区分服务器提供的功能

知识点

✍ 向Web服务器转发文件时，通常需要使用FTP协议。

✍ 根据用户的请求和使用的软件的协议，服务器端会按照所请求的功能提供相应的服务。

》 创建Web服务器的方法

创建Web服务器的三种方法

接下来，将对如何创建实际的Web服务器进行讲解。创建方法大致可以分为三种（图3-17）。

❶租用服务器

指获取自己的域名，然后直接租用ISP提供的Web服务器。这是最为简单且快捷的方法。是大中型企业、中小型企业、店铺和个人使用服务器的标准做法。使用这种服务器提供的服务，用户可以立即使用。其中还包括电子邮件服务器的功能。

❷使用云服务

虽然企业内部不用准备服务器和网络设备，但是需要自己设置服务器的结构，安装和设置软件。越来越多的中型和较大型企业选择使用这种方法。

❸企业自己创建

这种方法仅限于少数大型和较大型企业。由于IT设备和软件的维护需要花费较高的成本，因此近年来有减少使用的趋势。是那些从一开始就选择在企业自己创建服务器的企业会持续使用的一种方法。

占压倒性优势的ISP或云服务

就目前的趋势而言，**如果仅使用Web服务器和电子邮件服务器，那么可以选择方法❶。如果希望将其他的系统也迁移到云端，则可以选择方法❷。**方法❶和方法❷都可以在服务供应商提供的菜单中进行选择和使用（图3-18）。

如果是方法❶，供应商会根据用户的选择创建服务器。如果是方法❷，由于自动化程度较高，因此用户选择后系统就会自动进行创建。如果是方法❸，则从设备的购买到创建和系统运用都需要企业自己完成。

图 3-17　　租用服务器、云服务、企业自己创建三种方式的对比示例

可比参数	① 租用服务器	② 使用云服务	③ 企业自己创建
服务器和其他 IT 设备的映像	无法想象实物的样子	某种程度上可以想象实物是的样子	可以看到实物
选择的基准	●磁盘空间 ●同时访问数据库的访问量 ●价格根据是否提供 SSL 等其他功能而定	●可以根据 CPU 和内存选择服务器 ●可以选择磁盘 ●其他功能可以从详细菜单中添加	●通过评估性能选择服务器 ●可选择磁盘 ●安装必备的软件 ●可以自己设置和创建环境，或者外包给其他公司 ●需要自己进行维护
具有代表性的提供应商	GMO、X、樱花互联网等	AWS、Azure、GCP、富士通、IBM、NIFCLOUD、BIGLOBE等	向 IT 供应商购买
其他	●年费约2万日元（合人民币996.72元）（包括域名注册费用） ●虽然被称为云服务，但是原理是以前的ISP服务	●通常都提供免费试用期 ●费用比方法①高 ●虽然需要自己进行设置，但是可以设置详细的功能	●成本最高 ●虽然不具备相关知识就无法实现，但是可以根据自己的喜好进行自定义

图 3-18　　ISP与云服务的差异示例

ISP的场合：　根据需求选择服务的例子

（例）在Web网站出售商品

无法想象
服务器的样子

可以根据以下选项选择基本
套餐
●磁盘空间
●同时访问数
●可否使用CMS

添加以下选项
●备份
●数据库

※由于SSL和数据库已经逐渐成为基本功能，因此有时会包含在服务套装中

云服务的场合：　根据一览表自己设计系统结构的例子

（例）不仅在Web网站出售商品，也将基础设施作为服务提供给外部企业

某种程度上可以想
象服务器的样子

●服务器的选择（OS、CPU、内存、磁盘空间）
●区域和可用区的选择（参考图6-5）
●有无SSL
●是否提供数据库　　●备份方法
●是否提供CMS　　　●API的使用

※ 虽然无法像查看企业内部服务器那样进行物理检查，但是与租用服务器相比，由于使用云服务可以选择详细的规格，因此在某种程度上可以想象服务器大致的样子

知识点

✐创建 Web 服务器，主要可以采用租用服务器、使用云服务和企业自己创建三种方法。

✐从实现 Web 系统及相关业务的角度来看，租用服务器或使用云服务的风向将势不可挡。

设置Web服务器

设置Web服务器的大致步骤

接下来，将根据3-9节讲解的内容对实际设置Web服务器的步骤进行概括性的讲解。到目前为止，已经对各种基本的服务器和功能进行了介绍，在实际设置和创建Web服务器的操作比前面介绍的内容将更加细致。

假设购买了一台绑定了Linux的操作系统的服务器。如果已经创建好网络，且实施了相应的安全措施，那么大致的步骤如下。

❶更新操作系统（图3-19）。

将服务器连接到网络，通过互联网更新操作系统。

❷Web服务器功能的安装（图3-19）。

安装Apache或Nginx等Web服务器的功能。

❸网络设置

在设置协议和分配IP地址的同时绑定域名。

Apache的约定

关于上述步骤的详细内容读者可以在专业书籍和网络论坛中查看。实际上，后面的操作也非常重要。只完成步骤❶～步骤❸无法将为此创建的HTML文件和图像等内容放入Apache的Web服务器中的。

还**需要设置允许在Web服务器特定目录写入的权限**。并且，按照Apache的约定，需要在var/www/html的**目录里面上传html等文件**（图3-20）。

按步骤设置具有代表性的Linux命令示例

更新操作系统

sudo yum update

yum是RedHat供应商的命令，如果是Ubuntu，则需要使用apt-get命令

❶更新
操作系统

•也有推荐在服务器端进行更新的产品
※图像是Amazon Linux 2的示例

安装Apache

sudo yum install httpd

※以Apache为例，对Web服务器的功能进行介绍

启动Apache

sudo systemctl start httpd.service

在服务器停止或重新启动时启动Apache

sudo systemctl enable httpd.service

❷安装
Apache

如果已经正确安装并启动了Apache，在浏览器中输入
服务器的IP地址，就会显示Apache的Test Page页面

- 使用管理员权限的sudo进行必要的初始设置
- systemctl表示服务管理
- 如果需要设置FTP功能，就需要像Apache那样，使用sudo yum install vsftpd命令进行安装并启动该功能
- 无论是自己设置服务器还是使用云服务，都需要进行上述操作

设置Web服务器权限

- 只完成步骤❶~步骤❸是无法将文件从设备传输到服务器的，因此需要设置权限
- 根据Apache的约定，需要将内容放在目录var/www/html下

权限设置示例

sudo chmod 775 /var/www/html/

※图像是Amazon Linux 2的示例

文件转发完成！

- 虽然通常会使用FTP转发文件，但是首选还是根据系统环境使用推荐的软件
- chmod是用于设置和更改访问权限的命令
- 虽然775允许所有者和特定小组完全拥有对文件和目录的读取、写入和执行的权限，但是只允许其他用户拥有
  读取和执行的权限

知识点

✎ 在设置Web服务器时，必须更新操作系统、安装Apache等Web服务器
的功能和设置网络。

✎ 还要设置权限以及按照Apache的约定，将内容放入Web服务器特有的目
录var/www/html。

» 选择Web服务器

选择和设置

在本节，将对使用ISP创建Web服务器的步骤进行讲解。不仅是大中型企业和中小型企业，最近甚至越来越多的大中型企业都在使用ISP。而个体户这类小型公司基本上都会选择使用ISP租用服务器。

ISP服务的特征是，主推替用户注册唯一域名的代理业务，并且提供Web服务器。

如图3-21所示，主流供应商会根据磁盘容量划分**服务套餐**和价格区间。其他需要查看的项目基本上都是确定的。包括是否可以免费使用数据库和SSL，是否有WordPress等。其中，还包括一些按月收费的较为便宜的租用服务器等服务。

即用型Web服务器

租用服务器的优势是，**如果通过该供应商获取域名并租用服务器，系统就可以立即投入使用**。购买服务后，就会收到电子邮件，提醒设置已经完成。

ISP服务除了能提供Web服务器外，还可实现FTP服务器的功能。此外，由于已经设置了DNS功能，因此不用再考虑权限设置和目录本身，只需将其上传到根目录即可（图3-22）即**无须理解3-10节中讲解的Apache的约定**的相关知识。

虽然主要的租用服务器的服务在价格上没有太大的差别，但是能够免费添加的功能是有区别的，因此需要根据使用场景选择满足需求的服务套餐。由于目前使用更多的主流是HTTPS，因此需要确认是否提供SSL服务，以及在Web应用中使用数据库时需要满足哪些条件等。

作者的建议是，如果一开始需要实现的服务比较少，那么可以从基本的服务开始，后续再根据需求进一步添加其他的功能。

图3-21　关于ISP租用服务器的服务套餐的示例

套餐内容	例1	例2
套餐名称	基本套餐	商业套餐
月费 / 日元	1000	2000
存储容量 /GB	50	200
转发量 / 同时访问量	XX	YY
是否包含WordPress、免费的SSL等其他附加的服务	●包含WordPress ●包含免费的SSL	●包含WordPress ●包含免费的SSL

- 需要注意的是，虽然租用服务器的供应商之间没有太大区别，但是附加服务存在区别
- 域名本身的选择范围和相关手续费也存在区别
- 很多ISP都会推荐注册域名＋租用服务器的套餐
- 虽然云服务供应商也提供了注册域名的服务菜单，但不是主推服务

图3-22　　　　　　　　租用服务器的便利性

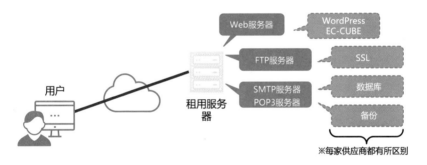

- 从用户的角度看，虽然不知道使用的是什么服务器，但是签订获取域名和租用服务器的合同后，服务提供商就会设置Web、FTP、SMTP、POP3，并且将所有的IP地址发给用户
- 在PC中安装FTP软件后，通常可以立即使用（无须在意3-10节中的权限和目录）
- 著名的供应商提供了强有力的电子邮件的支持，因此推荐将上述服务用于各种应用场景中

知识点

✐ 从用户的角度来看，只需要选择租用服务器即可。

✐ 用户无须面对那些烦琐的操作和惯例，可以立即使用服务。

创建Web服务器

设置、选择与创建

到目前为止，在讲解自己动手创建服务器时使用设置这个词进行了说明。在讲解供应商执行各种操作和提供的服务时则使用选择一词进行了描述。由于基本的环境已经创建好了，接下来要创建更好的条件以便使用，因此这里将使用创建一词进行讲解。

在众多云服务中，Amazon的 **AWS**（Amazon Web Service，亚马逊网络服务）、**Azure**和 **GCP**（Google cloud platform，谷歌云平台）都是非常著名的。这些服务广受好评的原因是，它们都提供了一定的免费使用时间。

在本节中，将对在AWS中创建Web服务器的示例进行简要地介绍，以供读者参考。

运行Web服务器之前的步骤

如果要在AWS中创建Web服务器，并将其作为Web网站供用户浏览，就需要像图3-23和图3-24那样，进行以下步骤。

⓿ 创建账户。
❶ 创建服务器。
❷ 准备与已创建的服务器进行安全的连接。
❸ 更新操作系统和安装 Apache。
❹ 允许使用HTTP协议与服务器进行连接。
❺ 分配固定的 IP 地址和绑定服务器。
❻ 上传内容。

在现实当中，步骤❶和步骤❷是最费时费力的操作。

在实际操作过程中，需要注意的是**在操作之前需要阅读在线操作手册。由于避免在各个步骤中出现错误极为重要，因此应当对每一个步骤都做好日程安排并按照计划执行。**

图 3-23 **创建账户的页面**

创建AWS账户的页面

创建GCP账户的页面

⓪ 创建账户
- 如果是大型云服务提供商，只需要登记电子邮件地址、密码、账户名和信用卡等信息，即可使用12个月的免费服务

图 3-24 **运行Web服务器之前的步骤**

❶创建服务器
- 从列表中选择CPU和内存等
- 确定磁盘容量

（案例）

操作系统	CPU	内存
Linux（低—中性能）	XX	XX
Linux（低—中性能）	XXX	XXX
Linux（高性能）	YYY	YYYY
Windows	YY	YYY
...	...	...

管理员

❷准备与已创建的服务器进行安全的连接
- 以管理员身份使用特定的终端进行SSH连接
- 创建用于认证的特殊文件
- 也是防火墙的设置
❸更新操作系统和安装Apache（参考图3-19）
❹允许使用HTTP协议与服务器进行连接
- 让普通用户可以浏览Web网站
❺分配固定的IP地址和绑定服务器
- 获取固定的IP地址，并与服务器绑定
- 域名和IP地址 也需要绑定起来（使用获取域名的提供商的系统）
❻上传内容
- 通过设置权限和上传内容使其可被浏览

普通用户

※以上是截至2021年2月的步骤，可能会因提供商的具体情况发生变化而变化。在实际操作时，需要查看在线手册和最新的官方技术书籍，然后再一步步进行操作

※这里重点对如何将Web网站变成可浏览的状态进行了讲解。在实际工作中使用时，还需要考虑安全方面的问题，也需要考虑是否需要使用相关的服务

知识点

✎ 由于在云服务中已经创建好了基本的环境，因此可以在其中创建服务器。
✎ 在开始操作前，如果阅读在线操作手册和确认步骤，并且按计划实施，基本上就不会出错。

77

开始实践吧

与DNS服务器进行通信

在3-5节，对DNS服务器进行了详细地讲解。

使用DNS可以将域名和IP地址绑定起来，并将域名转换成IP地址。

因此，接下来将实际使用Windows PC（PC上安装了Windows系统）与DNS服务器进行通信。

在命令提示符中输入"nslookup"，该命令会直接向DNS服务器发送请求。如果通信成功，就会显示结果。

nslookup命令的显示示例

c:\>nslookup 需要查询的主机名
服务器:DNS服务器的名称
Address:DNS服务器的IP地址

名称:需要查询的主机名
Address:IP地址的结果

例如，读者可尝试输入"yahoo.co.jp"作为需要查询的主机名。有些使用供应商的Web服务的企业或组织，可能不会显示IP地址。

因此，选择那些拥有自己的Web服务器的著名网站或企业作为例子会比较好。从家庭、公司或组织机构连接网络时，DNS服务器的名称是不同的。

Web 的普及与发展——

不断增加的用户与不断扩大的市场

第 **4** 章

» Web系统的多样化

通过Web系统开展的业务在不断增加

对经营业务的企业和个人而言，Web技术比以往任何时候都重要。这得益于供应商提供了功能丰富的云服务，以及越来越多的系统可以在Web系统上部署。

如图4-1所示[①]，用户访问网络的方式已经变得非常地多样化。从服务供应商的角度看，这也增加了开展业务的渠道和宣传的媒介。随着互联网通信的普及，商业机会也将成倍地增加。

在本章，希望读者能够理解，**虽然Web系统很重要且具有核心作用，但是它置身于由众多角色组成的世界中**。而且，这个世界正在逐渐地发生变化。

例如，除了实体店外，不仅有Web网站，还有外部的购物网站、社交媒体、视频网站等**很多与Web网站不相上下的机制。因此，如何打开视野，考虑应当使用哪种机制，或者不使用哪种机制就变得尤为重要**。

利用适合自己的平台

在工作中无论是直接还是间接都会涉及Web系统，相关人员都需要时刻关注这些与Web系统息息相关的环境。例如，那些销售精美图片和视频产品的店铺和企业，如果灵活地运用社交媒体和视频网站可能会增加销售额。如果是个人经营的店铺，即使没有自己的Web网站，也可以通过社交媒体和在外部发帖的方式，推广产品和增加销售额（图4-2）。

另外，对于律师和会计师这类专业人士来说，虽然无法通过购物网站来推广自己，但是也应当查看与关注相关论坛和商贸配对网站等。

在4.2节，将对与Web系统相关的环境进行讲解。

---

①本书介绍的是在日本普遍使用的社交媒体，读者可以对应中国大陆使用比较广泛的微信、微博、抖音等。

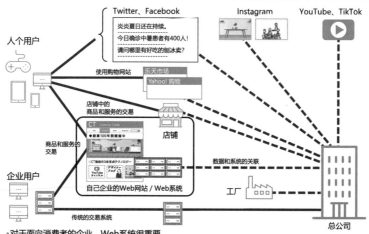

图 4-1 与Web系统相关的世界

Twitter、Facebook
Instagram
YouTube、TikTok

人个用户

炎炎夏日还在持续。
今日确诊中暑患者有400人！
请问哪里有好吃的刨冰卖？

使用购物网站

乐天市场
Yahoo! 购物

店铺中的
商品和服务的交易

CT Century Table
◆创业100年照样在卖中
◆CT数自的3本支点テクノロジー
店铺

商品和服务的
交易

数据和系统的关联

企业用户

自己企业的Web网站 / Web系统

传统的交易系统

总公司

- 对于面向消费者的企业，Web系统很重要
- 除了上述情形外，还有一些企业专门为智能手机分发自己的应用程序
- 即使是企业之间，也离不开Web系统
- 企业的Web网站也可单独设置企业、品牌、推广、电子商务、招聘等项目

图 4-2 无须创建Web网站的店铺和业务

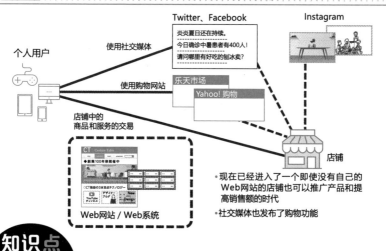

Twitter、Facebook
Instagram

个人用户

使用社交媒体

炎炎夏日还在持续。
今日确诊中暑患者有400人！
请问哪里有好吃的刨冰卖？

使用购物网站

乐天市场
Yahoo! 购物

店铺中的
商品和服务的交易

CT Century Table
◆创业100年照样在卖中
◆CT数自的3本支点テクノロジー

店铺

Web网站 / Web系统

- 现在已经进入了一个即使没有自己的
  Web网站的店铺也可以推广产品和提
  高销售额的时代
- 社交媒体也发布了购物功能

知识点

- 在商务场景中，Web系统已经变得极为重要，但是也需要时刻关注与之
  相关的网络环境。
- 由于存在替代和互补的媒体和功能，因此这预示着现在正在进入不一定非
  要创建自己的Web网站的时代。

》 智能手机的出现

智能手机上线至今

正如在1-10节中所讲解的,在用户使用的终端中,智能手机在数量上处于绝对领先的地位。

这是从2008年iPhone和Android手机上线开始,再到2010年开始销售iPad和Android的平板电脑,随着市场的不断发展逐渐形成了当今的局面。当然这主要是日本国内目前的情况。此外,在1999年开始向外提供的i-mode服务的机制也促进了智能手机的普及。在图4-3对它们的变迁进行了汇总。

从Web系统开发者的角度看,在迎来目前这种由智能手机与PC两者引领时代的局面之前,**由于包括各种手机在内的各种终端的浏览器不同,因此经历了一段需要根据终端动态地更改Web页面的十分痛苦的时期**。因此,为了支持大量终端和浏览器,就需要选择那些主要的移动运营商和终端制造商来执行各种操作。此外,Web网站本身是为PC设计的,并为智能手机的访问准备了专用的页面。

响应式支持

目前,不同的终端本身已经在某种程度上变得非常相似,Web网站的开发技术也在进步和趋同,因此,响应式网页设计简称**响应式**(responsive)正在逐渐成为标准。

响应式是一种根据浏览器提供相应的Web页面的方式。例如,现在流行的方式是使用单个页面支持各种不同的设备。

实际上比较多的情形如图4-4所示,页面会根据不同的设备而发生变化。在目前的Web网站开发中,响应式支持是必备的功能。

图4-3 **智能手机的变迁与开发的现状**

1999年	2008年	2010年	2021年

▼ i mode服务开始　　▼ iPhone和Android手机发布　　▼ iPad和Android的平板电脑发售

参考
- SONY的Xperia系统的变迁
- 日本国内厂商较之前有所减少

	2010年	2013年	2016年	2019年
	Xperia	Xperia Z	Xperia Z	Xperia 1
	屏幕3 in	5 in	5 in	6.5 in
	摄像头800万像素	1310万像素	2300万像素	1220万像素

对开发者而言倍感艰难的时期 ▶ **比以前稳定**

- 终端和浏览器较多，开发很辛苦
- 需要根据终端和浏览器更改页面
- 按照PC、手机和智能手机划分URL，或者设置智能手机专用的页面

注：1in=2.54cm。

- 规格相似的终端和数量减少的浏览器
- 划分区块并根据屏幕大小进行更改即可

图4-4　　**同一页面的不同展示方式**

PC的场合

- 在主要的图像下面分成三块并排显示图像
- 第二排显示多块数据是常见设计

智能手机的场合

- PC是在主图像下方平行排列三个图像块，而智能手机则是垂直排列
- 由于屏幕尺寸小，因此采用的是这种排列方式。目前的主流做法是不强求和PC一样的显示方式

知识点

✎ 以前开发Web系统时，由于终端和浏览器的种类较多，因此系统开发非常麻烦。

✎ 响应式网页设计是目前的主流方式。

》 常用的浏览器

智能手机与PC的市场占有率

现在已经进入了以使用智能手机浏览Web网站为主的时代，接下来，将考虑浏览器。虽然Chrome这样可以在各种设备中使用的浏览器，但是在大多数情况下，用户基本上都会使用每台终端推荐的浏览器。如果是Windows PC，会推荐使用Microsoft Edge。如果是iPhone，则会推荐使用Safari。

接下来，将分析目前浏览器的市场占有率，结果是用户使用较多的浏览器功能比较强大。

首先是智能手机等终端的移动浏览器。如图4-5所示，在日本，浏览器的排名顺序是Safari、Chrome、Samsung。iPhone在日本的市场占有率较高，与全球市场占有率有所不同。

然后是PC浏览器。如图4-5所示，无论是在日本还是全球，位居首位的都是Chrome。结合Windows PC的市场占有率，可以看到Microsoft Edge和IE在日本的市场占有率较高。

即使调研机构不同，排名大致也是相同的。此外，在智能手机中，Chrome的市场占有率有上升的趋势。

Chrome强大的原因

Chrome之所以非常强大，除了其**可以在各种终端中使用**，还因为它比其他浏览器的启动时间更短，并且可以与Gmail等Google提供的功能兼容（图4-6）。此外，正如在第2章讲解的，由于开发者工具可以用于各种场景，因此从开发者的角度看，使用也非常方便。实际上，在Web系统中，比起用户的使用感受，受开发者欢迎的机制都会比较强大。

图4-5　移动浏览器与PC浏览器的市场占有率

日本移动浏览器的市场占有率（2021年1月）

浏览器	市场占有率/%
Safari	60.13
Chrome	33.90
Samsung	3.14
其他	2.83

全球移动浏览器的市场占有率（2021年1月）

浏览器	市场占有率/%
Chrome	62.51
Safari	24.91
Samsung	6.30
其他	6.28

※ 由于在日本国内 iPhone 的市场占有率较高，因此 Safari 位居榜首

日本 PC 浏览器的市场占有率（2021年1月）

浏览器	市场占有率/%
其他	58.50
MicrosoftEdge	15.61
Safari	8.66
IE	7.52
Firefox	6.55
Edge Legacy	0.81
其他	2.35

全球 PC 浏览器的市场占有率（2021年1月）

浏览器	市场占有率/%
Chrome	66.68
Safari	10.23
Firefox	8.10
Microsoft Edge	7.79
Opera	2.62
IE	1.95
其他	2.63

※ 由于 Windows PC 在日本的市场占有率较高，因此 Microsoft Edge 和 IE 在日本市场的占有率高于全球

※ 各种调研机构都提供了上述数据。这里为了便于阅读，对 Web 中常见的 Statcounter 的调查结果进行了介绍，可供参考

图4-6　Chrome强大的原因

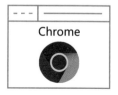

Chrome

可以在智能手机、PC、
平板电脑等不同终端中以相同
的方式使用

Microsoft Edge和IE

以Windows PC
为主

Safari

以iPhone和Mac
为主

启动时间短，与Gmail和Google Map的合作也是Chrome的优势。除此之外，对于那些对浏览器本身有个人喜好的用户来说，还有能够很简单地进行自定义的Firefox等浏览器可供选择

知识点

✐ 应当了解日本乃至全球的浏览器的市场占有率。

✐ Chrome的市场占有率正在增长，并且具有可以在各种终端中使用的优势。

常用的搜索引擎

搜索引擎的日本市场占有率

虽然目前的搜索引擎基本上都是在浏览器中内嵌的，但是由于曾经这两者是分开的，因此即使是现在，人们也会将搜索引擎和浏览器分开来看待。虽然被称为Search Engine，但是搜索引擎是一种用户在文本框中输入单词和短语等关键词，然后单击"搜索"按钮就可以显示相关Web网站的机制。

图4-7对日本和全球的搜索引擎的市场占有率进行了汇总。虽然只看日本，浏览器的市场占有率和排名会因终端不同而存在很大的差异，但是搜索引擎并不会因终端不同而发生太大的变化。从表中可以看到Google、Yahoo!、Bing（Microsoft Bing）位列前三。其中，Bing是购买Windows PC后启动Microsoft Edge时就会启动的搜索引擎。

响应搜索引擎的重要性

对浏览器的支持变得比以前更加容易的当下，响应引擎则更为重要。虽然对需要正确展示Web网站的创作者和开发者而言，对浏览器的支持显然很重要，但是，从希望Web网站被更多用户看到的商业角度看，**对搜索引擎的支持反而更加重要**（图4-8）。

通过采取措施优化搜索引擎的方式，可以提升Web网站的用户访问量。在运营商业Web网站时，优化搜索引擎是与推出具有吸引客户的设计和样式的网站同样重要的项目。因此，在商业网络世界中，不仅是设计师，从事搜索引擎优化（search engine optimization，SEO）（参考4-9节）的专业人士的职业地位也得到了巩固。

图4-7 ...... 日本与全球的搜索引擎的市场占有率 ......

日本的移动搜索引擎的市场占有率（2021年1月）

浏览器	市场占有率/%
Google	75.60
Yahoo!	23.89
Bing	0.20
DuckDuckGo	0.14
Baidu	0.10
其他	0.07

全球的移动搜索引擎的市场占有率（2021年1月）

浏览器	市场占有率/%
Google	95.08
Baidu	1.45
Yandex	0.98
Yahoo!	0.78
DuckDuckGo	0.52
其他	1.19

※**DuckDuckGo是一个具有强大隐私政策的搜索引擎，可以作为智能手机应用程序安装**

※**Baidu是中国的搜索引擎，Yandex是俄罗斯的搜索引擎**

日本的PC搜索引擎的市场占有率（2021年1月）

浏览器	市场占有率/%
Google	73.66
Yahoo!	13.74
Bing	12.68
DuckDuckGo	0.21
Baidu	0.17
其他	0.16

全球的PC搜索引擎的市场占有率（2021年1月）

浏览器	市场占有率/%
Google	85.88
Bing	6.84
Yahoo!	2.74
Sogou	0.95
DuckDuckGo	0.90
其他	2.69

※各种调研机构都提供了上述数据。这里为了便于阅读，对Web中常见的Statcounter的调查结果进行了介绍，可供参考

图4-8 ...... 创建Web网站与取得商业成果的观点不同 ......

提供与浏览器匹配的漂亮的页面
<创建和开发Web网站的重要观点>

通过SEO对策增加访问量
<商业中的重要观点>

Chrome和Microsoft Edge等　　　Safari和Chrome

用户进行搜索　　　　　显示搜索结果

• 使用主要的浏览器仔细测试页面外观，并为用户提供易于查看和能够留下深刻印象的页面

• 虽然能不能被搜出来取决于关键字，但是希望被搜出的内容尽可能地显示在首页或顶部

• 在上面的示例中，假设住在福冈或附近的人会单击××家具。对国外的产品或者清仓活动感兴趣的人会单击YYdining。追求独一无二价值的人则可能会单击Century Table

• 需要在搜索结果中展示自己与众不同的亮点

知识点

✐ 在日本排名前三的搜索引擎是Google、Yahoo!、Bing。

✐ 对于商业Web网站，在创建和提供优良网站的同时，搜索引擎的排名优化也极其重要。

网上购物的发展

不断增长的电子商务市场

促进Web技术普及和进步的一个重要因素是，网上购物市场持续不断地增长。如今，在日本不知道Amazon和乐天的人真是少之又少了。

Amazon.com成立于1994年，并于2000年进入日本。日本电子商务商城的领头羊乐天市场则成立于1997年，并于2000年上市。三大电子商务商城中的另一个Yahoo!Shopping于1999年开业，正如其他章节讲解的，**它始于2000年并一直活跃在当下**。

如图4-9所示，目前的Amazon和乐天市场的用户数已达5000万人。乐天市场公布的2019财年日本国内电子商务交易额为3.9万亿日元（合人民币1977.30亿元），比上年增长13.4%。现在电子商务本身已经是一个很大的市场，**未来有望进一步扩张**。

电子商务商城与电子商务网站的机制几乎相同

在日本，电子商务商城包括Amazon、乐天市场、Yahoo!Shopping等平台。要在这些商城开店时，在支付费用和接受审查后，商城就会为商户提供店铺和专用的系统。

从用户的角度看，**每家商城采用的差不多都是相似的机制**。由于越来越多的商城为了创建独有的Web网站且能尽早创建网店而使用了专用的系统，因此输入项目基本上都相同。

具体来说，首先需要输入店铺信息，然后再登记每件商品。虽然输入商品名称、商品代码、商品图像、价格、库存数量的顺序和页面有细微差别，但是整体差别并不大（图4-10）。即使经营者或者机制发生变化，开店的准备工作也是一样的。这或许也是网上购物普及的原因之一。

图4-9 日本的三大电子商务商城的用户数等数据

日本的三大电子商务商城的用户数（2020年4月）　　日本的电子商务商城的销售额排名

电子商务商城	用户数/千人
Amazon	52534
乐天市场	51381
Yahoo!Shopping	29456

基于尼尔森数字研究结果

虽然销售额排名和市场占有率排名会根据地区范围而产生波动，但毫无疑问它们在日本位列前三名

如果不是电子商务商城，而是电子商务网站，则以下企业位列前五名

图4-10 电子商务商城与电子商务网站的管理系统

Century Table
CT3L500
¥500000

YYdining
CANBLUE
¥400000

Karuizawa Farni
KARU300
¥300000

用户

电子商务商城的
Web系统

商品管理系统

商品代码	商品名称	商品图像	价格/日元	库存数量
CT3L500	3LHinoki		500000	2
CT4L600				

• 电子商务商城的店铺使用的商品管理系统或者企业自己的电子商务网站的商品管理系统的页面
• 在OSS的电子商务网站应用中，EC-CUBE、Welcart E-Com merce比较著名

• 即使商城的运营商和软件不同，基本输入项大致相同
• 每个商店出售的商品都不一样，这是了不起的系统
• 对不同的店铺和真实的商品进行相同的管理，会不会很困难
　注：1日元约合人民币0.0485元（截至本书出版时的时间）。

知识点

∥网上购物开始于2000年左右，并且正在持续不断地发展当中。
∥从店铺的角度看，无论是电子商务商城还是企业自己创建电子商务网站，输入项目等格式都相同非常方便。

» 活用社交媒体

使用工具的分析

对于在公司负责营销和经营店铺的人来说，除了使用自己的Web网站外，**社交媒体（social networking system）的使用也已经成了不容忽视的事情**。社交媒体是一种个人用户注册会员后就可以互动交流的服务，有些企业和商店也会注册商业账户成为会员，以扩大客户群体的范围。

即使是目前的CMS，也可以通过输入各种服务的账户名的方式与Twitter、Facebook、Instagram进行合作。有一些大型零售商将LINE作为管理客户和会员的网关系统使用。这意味着社交媒体已经成为商业领域的重要工具。如图4-11所示，这里对主要的社交媒体的用户数进行了汇总。

选择合适的服务

关于社交媒体的使用，如果是已经拥有店铺或办公室等业务基础的企业，由于已经拥有一定的客户基础，因此使用社交媒体可以取得一定的推广效果或者达到与实际业务相辅相成的效果。但是，对于那些接下来将要开始创业的个人或企业来说，由于没有客户基础，因此，使用社交媒体和创建Web网站一样，很难在短期内看到效果。此外，通过社交媒体获得成效与会员内部提供的内容、会员特征、趋势、社交媒体本身是流行还是过时有关，因此不必做到面面俱到。

那么，**根据不同的商品和服务，从各种社交媒体中选择合适的服务就变得非常重要**。例如，商品和服务是通过文字表达还是通过照片图像表达，或者是否需要通过个人评论和推荐的方式进行推广等，业务和商品的不同，使用的方式也会不同（图4-12）。

需要注意的是，虽然打开视野仔细研究市场很重要，但是如果过分地拓宽领域，也可能会导致大量管理工作的产生，从而会使人身心疲惫。当然还有成本方面等负面因素也是不可忽视的。

图 4-11　　　　　主要的社交媒体的用户数与特征

主要社交媒体

对比参数	Twitter	Facebook	Instagram	LINE	YouTube	TikTok
全球月用户数/亿人	3.4	27	10	1.7（日本、泰国、印度尼西亚等国家及中国台湾地区）	20	8
日本国内月用户数或者会员数/万人	4500	2600	3300	8600	6200	950
日本国内的特色	●以年轻人为主 ●转发	●用户年龄较大 ●与Instagram合作	●以年轻人为主 ●女性用户多	●日本国内领先 ●用户年龄跨度大	视频分享	短视频

其他社交媒体

对比参数	note	Linkedin	Pinterest	Snapchat	LIPS	Qiita
全球月用户数/亿人	—	7	4	2.5	—	—
日本国内的月用户数或者会员数/万人	260	200	530	8400	1000	50
日本国内的特色	以发帖为主	用于商业	图片分享	图片社交	美容、化妆品专用	面向工程师

※ 参考了各企业截至 2021 年 1 月的新闻报道

图 4-12　　　　　根据商品和服务探讨的示例

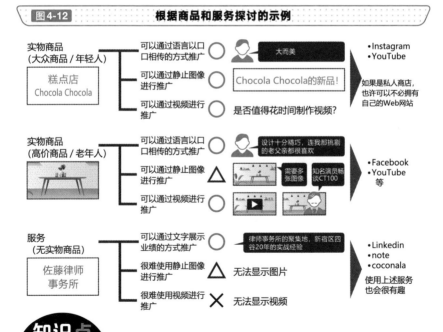

知识点

✎ 对于经营业务的企业和个人而言，社交媒体的推广能力不容小觑。

✎ 不要奢求全面覆盖，而应当选择适合推广自己的商品和服务的社交媒体。

》 社交媒体的内幕

从管理者和开发者的角度来看

Instagram也就是读者所熟悉的Ins，是一种与Facebook合作的以分享图片为主的社交媒体。由于它现在具备购物功能，而且可以与外部的Web网站连接，因此对于某些行业、某些产品及服务而言具有很大的商业推广价值。

在本节中，将对两种值得一提的功能Instagram Insights和开发者工具进行讲解。由于其他主要的社交媒体中也使用了类似的功能，因此**不仅需要从用户的角度考虑，也需要从管理者和开发者的角度考虑和管理，并需要确认提供的工具和服务**。这需要一些时间来适应，即使服务名称不同，但是提供的功能是相似的。

Instagram Insights与开发者工具

Instagram Insights是一种提供访问分析结果的服务。例如，使用智能手机打开Instagram的应用程序，然后单击个人资料图片或者每张已发布图片的左下方的"查看Insights"选项，就会显示发帖在社交媒体（如论坛）发表文字、图片或音视频等信息的分析内容。如图4-13所示，可以看到为帖子信息"点赞"的账户数量和表示查看该帖子的Reach次数。可以使用Insights经常查看，以了解发布哪种帖子会更加有效。

当然，也可以在PC上使用开发者工具，在Instagram中发布帖子。在2-8节中已经讲解过，可以从Chrome启动Instagram（图4-14）。与智能手机相比，使用PC发帖的时间较长。但是，如果灵活地使用开发者工具，不仅可以对发布的图片进行微调，还可以显著提高文本输入的效率，因此使用非常方便。每个社交媒体都提供了相应的工具，读者可以自行查看并对它进行有效的利用。

图4-13　　Instagram的Insights的示例

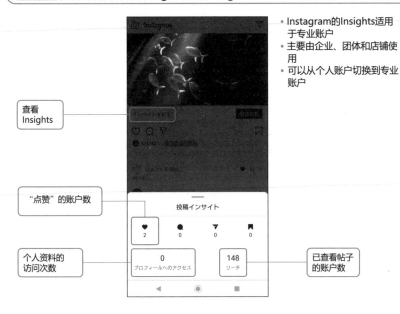

- Instagram的Insights适用于专业账户
- 主要由企业、团体和店铺使用
- 可以从个人账户切换到专业账户

查看Insights

"点赞"的账户数

个人资料的访问次数

已查看帖子的账户数

图4-14　　从Chrome发布帖子的示例

打开Chrome，在其他工具中打开开发者工具，调用Instagram

单击此图标可以切换到移动视图

也可以通过Responsive选择终端

知识点

✏ 在使用社交媒体时，不仅需要从用户的角度考虑，还需要确认管理者和开发者使用的工具和服务。

✏ 应熟练使用社交媒体提供的工具和开发者工具。

第4章

Web的普及与发展——不断增加的用户与不断扩大的市场

» 在企业中活用Web系统

从内部系统开始着手

目前，大部分大型企业的系统都在逐渐转变为Web系统。由于越来越多的大中型和中小型企业选择使用SaaS（参考6-2节），因此除了无法迁移的系统外，基本上现在正在进入使用Web系统的时代。虽然这是时代的产物，但是再往前追溯就会清楚，**在企业中使用Web系统已经在20世纪90年代后期就拉开了序幕**。

现在在图4-15中进行了整理。可以看到，**当初是从小型的所谓信息系统开始的**。就是指每个部门在Excel表中进行绩效管理的数据可以通过局域网或Web上的浏览器输入。如果是大中型的系统，还有对交通费用和休假申请等项目进行管理的考勤管理系统。这些系统的共同之处在于限定了业务内容，且在单位时间内同时使用系统的用户数量较少。

外部的系统

进入21世纪，从购买零部件、采购原材料、与客户进行交易开始，以制造业为主的企业**将业务拓展到了外部的系统**。企业之间的订货系统与考勤管理系统相比，不仅需要经常运行且单位时间内使用系统的用户数也比较多。这是因为如图2-22所示的Web应用数据库的使用方法得到了规范，以及确立了第9章将要讲解的负载均衡技术的缘故（图4-16）。之后这种系统得到普及，因此现代企业之间使用的系统都是以Web为基础的。

从面向消费者的角度看，在网上购物热潮兴起的同时，音乐和游戏的发布，以及少数视频发布也随之而来。所以连同业务系统一起，目前使用Web系统的原型早在2000年左右就已形成。

图4-15　**企业中Web系统的普及**

1990年	1995年	2000年	2005年	… 2015年

企业中Web系统普及的趋势与示例

早期的企业已经开始将绩效管理网络化
（从Excel到浏览器输入）

限定的内部业务的网络化

各种内部业务的网络化

限定的外部的业务的网络化

各种企业之间的交易的网络化

广范围的内部业务转向云服务

参考：1996 年富士通 MyOFFICE
（考勤管理系统——企内联网）

参考：1999 年富士通 MyOFFICE
（人事、总务系统互联网版本对外销售）

参考：2016 年 OBIC 顾问云型 ERP 奉行 10 发售

参考：1998 年 Yahoo! 路线信息
（Ekispert 服务开始）

参考：2000 年上市第一年
以IBM为中心，推出了互联网物资采购系统等

参考：2017 年 SAP Cloud Platform 发布
（PaaS型 ERP）

- 在过去的20年，企业的各种系统都逐渐转向Web系统（单个系统的Web支持）
- 近几年云服务不断得到推广（使用一开始就存在于云服务器上的系统）

图4-16　**在企业中普及Web系统的背景**

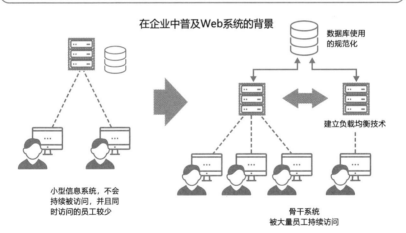

在企业中普及Web系统的背景

数据库使用的规范化

建立负载均衡技术

小型信息系统，不会持续被访问，并且同时访问的员工较少

骨干系统
被大量员工持续访问

知识点

- 企业系统的网络化，始于20世纪90年代后期在企业内部的使用。
- 进入21世纪之后，业务拓展到需要使用外部系统，因此自然而然地形成了目前的Web系统。

》 纯网络职业

SEO顾问

在2-2节，已经讲解过Web是一种重视外观的系统，根据开发和运营的体系不同，可能需要全职的设计师参与。以网站设计作为职业的Web设计师是在IT行业中Web系统特有的。其中，甚至还有一些专门设计网站图标（参考第7章"开始实践吧"）的设计师。可见Web市场规模大且需求多。

从开发系统的角度看，Web系统除了开发环境与其他系统略有不同外，其他并没有太大的区别，但是它具有交付时间短的特点。如果是中小型网站，即使包括应用服务器和数据库服务器的实现在内，也只需要一个月左右的交货期。有很多专门开发Web系统的公司（图4-17）。

除了Web设计师之外，还有一种独具特色的职业，即所谓专门支持**SEO**策略的**SEO顾问**。

启动Web网站的两个难点

SEO最初的含义是通过搜索引擎将目标Web页面显示在靠前的位置。近年来，随着社交媒体和其他媒体的增加，涉及的领域也变得更加广泛，因此，如今的SEO是一种**高效吸引Web网站和其他媒体中的潜在客户的方法**。

虽然如此，但SEO基本上是指Web网站中的搜索引擎优化、社交媒体中的推广和链接等用于互联网环境中的措施。

无论是那些经营多年的企业和店铺要更新Web网站和社交媒体，还是将要开业的企业、店铺和个人，都会面临开发和运营Web系统（任何系统都通用）的问题，并需要面对Web网站的设计、SEO策略的问题。因此，如图4-18所示，建议对于那些必须解决又不可或缺的部分找相关专家咨询。

图4-17 开设Web网站之前的软件包

必备的Web页面（Top的示例）

后台的系统

- Web系统开发中必备的Web页面
  （Top，商品、服务介绍，简介，咨询，FAQ）等通常与后台系统构建配套
- 如果企业或店铺拥有页面内容，通常可以在一个月左右的"短交付期"内完成Web网站。如果只是Web服务器，则无须花费一个月的时间
- 是否包含设计师、SEO、社交媒体等
- 专业人员大致包括网站设计人员、开发人员、SEO顾问三种

图4-18 如何从用户的角度与专家互动

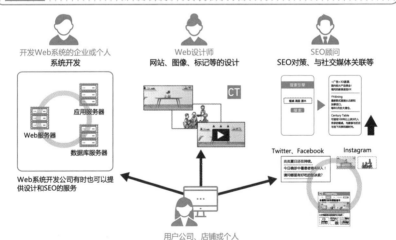

- 可以将自己能够处理的和无法处理的项目分开来委托给外部公司
- 在当今的时代，可以在Web环境中开展工作而无须亲自见面

知识点

✎ 以Web为主的职业包括Web设计师和SEO顾问等。
✎ 目前的SEO是指一种高效吸引Web网站和其他互联网媒体中的潜在客户的方法。

第**4**章

Web的普及与发展——不断增加的用户与不断扩大的市场

» 5G改变Web系统

视频与大容量数据通信

对Web技术感兴趣的读者，起码需要了解5G（5th Generation，第五代移动通信系统）相关的基础知识。如果用一句话总结5G与4G（4th Generation，第四代移动通信系统）及之前的通信技术的区别的话，毋庸置疑就是**通信速度的区别**。

如图4-19所示，展示了不同通信速度下载数据所需的时间。展示了从2G（2th Generation，第二代移动通信系统）到5G的手机系统在理论上可能实现的下行方向的最大通信速度。区别最大的地方是，4G能提供大约100Mb/s的通信速度，若4G下载文件大约需要10min，因5G能提供20Gb/s的通信速度，所以下载时间只需要3s。

对于5G的使用，迄今为止研究者们已经实际进行了很多验证。大多数的实验都是在实时收发视频的同时进行某种判断或进行某种处理。根据这些实验结果，最终将视频与大容量数据的传输作为5G的特征。

持续提升的速度与瞬息万变的Web系统

第一个受益于5G技术的终端是智能手机。如果支持5G技术的网络设备和产品持续不断增加，可能会影响企业或团体内部办公室的局域网。如图4-20所示，云服务供应商和少数大型企业已经开始在内部网络对每秒几十兆比特的局域网提供支持。就像以往出现的新技术一样，5G技术的发展，无疑会加速提升数据通信速度。

随着5G技术的普及，将有可能实现显示前所未有的高清画面和精美插图的Web网站。即人们已经习以为常的由像素不高的图像组成的Web页面，将会转换为运用清晰图像和画面组成的Web页面。预计很快就能够在很多的首页看到这一变化。

因此，读者应当从现在就开始着手研究和做好相应的准备工作。

图 4-19　　每代通信系统的通信速度与高速化

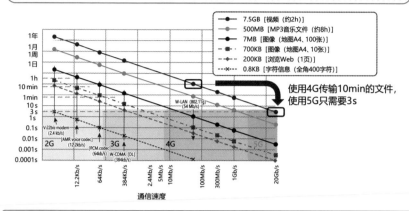

使用4G传输10min的文件，使用5G只需要3s

图 4-20　　随着已经开始的高速化和5G而变的Web网站的示例

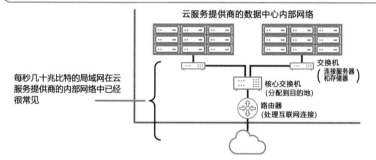

云服务提供商的数据中心内部网络

每秒几十兆比特的局域网在云服务提供商的内部网络中已经很常见

交换机
（连接服务器和存储器）

核心交换机
（分配到目的地）

路由器
（处理互联网连接）

【目前的Web网站示例】

•适合当前局域网和4G的较清晰图像

【5G时代的Web网站示例】

•像普通电影或4K电影那样的清晰的图像和视频
•对浏览的用户，这种页面更赏心悦目

知识点

✎ 5G与以往的通信系统相比，通信速度遥遥领先。

✎ 当5G技术普及时，可能会给现在的Web网站带来有巨大的变化的应用。

第 **4** 章

Web 的普及与发展——不断增加的用户与不断扩大的市场

开 始 实 践

试用开发者工具

在第2章和第4章已经讲解过，可以使用开发者工具查看Web页面内部和传输各种数据。接下来，在"开始实践吧"中，将对Microsoft Edge和Chrome 的开发者工具进行实际操作。操作本身是非常简单的。

在开发者工具的网络选项卡中测量响应时间

以下为 Windows PC 的示例。

- **Microsoft Edge**

  设置（…）→其他工具→开发者工具。

- **Chrome**

  Chrome 的设置（⋮）→其他工具→开发者工具。

无论是哪种方式，都可以使用F12键进行显示。单击网络选项卡后，就可以读取目标页面了。

Microsoft Edge 页面的示例

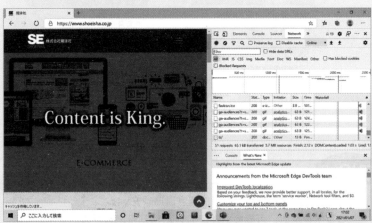

Chrome页面的示例

上述页面为使用组合键Ctrl+R重新读取后显示结果的示例。响应时间都是2.1s。读者可在感兴趣的网站中进行尝试。

✎ 读书笔记

不同于 Web 的系统——

无须迁移与无法迁移到 Web 的系统

» 无法变成Web系统的系统

非Web系统

在此之前，已经对Web技术进行了详细地讲解。

在全球的信息系统中，一方面使用Web技术的系统数量正在显著增加；而另一方面，在目前的状态下也存在一些无法迁移到Web的系统和原本就不适合迁移到Web的系统（图5-1）。

在本章，将对无法迁移到Web系统的系统进行讲解，以进一步加深对Web技术的理解。

究竟什么样的系统无法变成Web系统，非Web系统又是什么样的呢？

小型的内部部署的系统

首先值得一提的，就是小型的限定用户的部门内部的本地部署的系统。本地部署采用的是一种企业拥有自己的IT设备和其他IT资产，并在企业管理的场所内安装和运营设备的方式。

在本地部署的系统中，无须迁移和无法迁移到Web系统的系统是那些不与外部网络连接的系统。使用互联网的系统，具有能够从不同场所和不同网络进行连接的优点。而这些本地部署的系统就是指无须或无法与网络连接的系统。因此，这类系统今后可能也不会被网络化（图5-2）。

那么，虽然与上述系统的条件不同，但是那些规模较大或者可能需要连接外部网络的系统又如何呢？如接下来将要讲解的示例所示，实际上系统的规模与网络化并无任何关系。与其说它们无须连接外部的网络，倒不如说它们是需要封闭在内部网络中的系统会更合适。

图5-1 ················ **Web系统在整个信息系统中的权重** ···········

由于现在很多系统都是Web系统，因此人们可能会认为所有的系统都可以在互联网和云端使用，但是有一些无法迁移到Web系统的系统和不适合迁移到Web系统的系统

全球的信息系统

不使用互联网的系统

互联网 = Web系统 + 电子邮件
（使用互联网的系统）

在本章，将对这些系统进行讲解，以加深对Web系统的理解

图5-2 ················ **难以转换为Web系统的系统** ···········

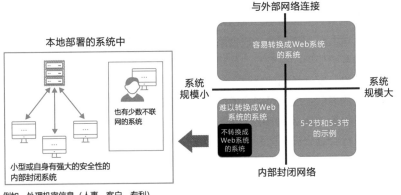

与外部网络连接

容易转换成Web系统的系统

本地部署的系统中

系统规模小

系统规模大

也有少数不联网的系统

难以转换成Web系统的系统

不转换成Web系统的系统

5-2节和5-3节的示例

小型或自身有强大的安全性的内部封闭系统

内部封闭网络

例如，处理机密信息（人事、客户、专利）的系统

知识点

📝 为了理解Web系统，先了解那些处于对面的无法转换为Web系统的系统会更加简单易懂。

📝 非常小型且无须与外部网络连接的系统，以及需要封闭在内部的系统无须转换为Web系统。

» 不能停止运行的系统①

交通系统

目前的交通系统允许乘客在线预订，可以在不出票的情况下，根据该预订信息搭乘交通工具。

然而，在后台对列车和飞机进行管理的系统则是**在封闭的专用网络中运行的**。由于发往管控室的车站信息和列车信息万一有延迟，就会干扰整体运行，因此这种系统不能连接到互联网中（图5-3）。

但是，人们日常使用的自动检票系统由于在一定程度上可以使用自动检票机和IC卡来进行处理，而且该系统还可以按照区块分工合作，因此系统中的一部分处理可能会进行互联网通信。

电力公司的系统

虽然电力公司使用的是与铁路公司不同的系统，但是电力公司用于管理发电厂的系统使用的是自己的封闭网络。

当发电厂发生任何问题时，如果经由互联网的通信存在延迟或者由于某种原因使的通信错误，可能会增加停止供电的时间和频率。因此，这种系统也很难迁移到Web系统（图5-4）。

涉及社会基础设施的系统必须确保全年无休地运行，因此，它们以前也被称为关键任务系统。这些系统不仅非常重要，而且业务本身和用户可接受的响应时间极短也是共同的要求。

图 5-3 .... **铁路公司的系统** ....

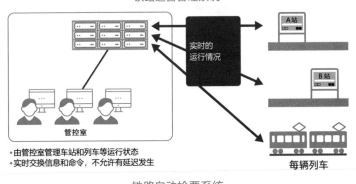

铁路运营管理系统

- 由管控室管理车站和列车等运行状态
- 实时交换信息和命令，不允许有延迟发生

铁路自动检票系统

- 在自动检票口检票后，以毫秒级时间在写入IC卡并定期与服务器通信
- 由于可以将系统分为自动检票口、车站、据点的服务器，以及中心服务器等完成各自的任务，因此创建互联网环境也并非不可能

图 5-4 .... **电力公司的系统** ....

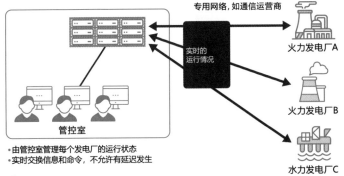

- 由管控室管理每个发电厂的运行状态
- 实时交换信息和命令，不允许有延迟发生

知识点

- 铁路公司和电力公司拥有强大且稳定的专用网络。
- 由于系统全年无休止运行的重要性和对响应时间的严格要求，因此，将社会基础设施的系统迁移到Web非常困难。

》 不可停止运行的系统②

银行交易系统

在5-2节中，已经分析了为什么难以将铁路和电力公司的系统迁移到Web的原因。实际上，在人们周围也存在这样的系统。

与社会基础设施系统同样重要的关键任务系统是银行等金融机构系统。

例如，当人们在**ATM**（自动取款机）取款时，如果机器运行正常，那么等待出款的时间就不会让人感到焦虑。ATM可以作为存款和取款专用的机器，是因为有专用的网络能够提供可靠的支持（图5-5）。因为关系到个人的生活和企业的业务，因此必须要避免发生无法使用银行系统办理业务的情况。此外，虽然近期有所减少，但是因无法支付支票而导致被拒付，进而使得整个金融机构的交易变困难。银行交易系统停止运行会给商业领域带来重大的影响很大，甚至会导致企业破产。最近汇款与外汇交易等互联网交易有所增加，但是**只要有现金流动，银行交易系统就不能停止运行**。

向云端迁移的医疗领域

与交通、社会基础设施和金融系统一样，医疗系统也是不能停止运行的系统之一。

在医院里有一种可以与工业领域的ERP系统同样重要的系统，即电子病历系统。在综合医院，医生在PC上通过该系统查看患者的病历进行诊断，通过该系统可以完成医院全部工作任务。不过，这种系统正在逐渐发生变化，**一部分已经迁移到了云端**（图5-6）。

可能读者会疑惑，"为什么电子病历可以联网啊？"。这是因为对这种系统没有毫秒级响应的需求，而且医院也没有强大的专用网络。即是否能迁移到Web系统的关键在于对响应时间和专用网络的要求。

图 5-5 　若银行系统停止运行产生的影响

如果银行系统停止运行或者运行不稳定产生的影响

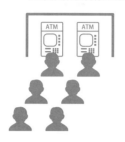
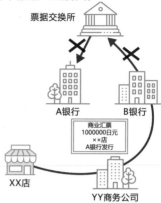

- 无法在 ATM 中顺利存取款
- 可能出现因无法提取现金而导致生活出现困难的人
- ATM 只是一个例子，管理银行交易的主要系统被称为"账目系统"
- 像网络银行那样不涉及现金的交易，可以逐渐迁移到 Web 系统，而进行现金交易的业务则很难迁移到 Web 系统

- 会影响票据发行方拒付和票据持有方的资金筹措
- 可能会导致破产

图 5-6 　医院的电子病历系统

医院的电子病历系统　　　　　　　　云端电子病历系统

- 在电子病历系统中，患者（客户）的动态与系统联动
- 虽然不被大众知晓，但是它是一种与工业 ERP（enterprise resource planning，企业资源计划）系统同样重要的系统

- 对响应的要求不严格
- 由于它不是一种强大的专用网络，因此只要能够确保安全性，就可以允许迁移到云端
- 中型医院正在逐步转向使用云端系统

知识点

✎ 由于进行银行现金交易的系统一旦停止运行，将无法进行存取款业务，因此难以将它迁移到 Web 系统。

✎ 医疗领域最重要的业务系统，就是电子病历系统正在逐渐转向云端。

》 将现有系统迁移到云端的障碍

云端服务器是虚拟服务器

要将现在的系统迁移到Web系统时，捷径是将系统安装到已经备好基础设施的云环境中，但是这里存在一个棘手的问题，那就是云服务提供的服务器是虚拟服务器。虚拟服务器也被称为Virtual Machine（VM）、实例等。

以物理服务器为例，虚拟服务器让一台物理服务器虚拟或在逻辑上具有多台服务器的功能（图5-7）。虚拟服务器是通过使用专用的软件在物理服务器中创建虚拟环境的方式实现的。在云服务中创建服务器和使用租用的服务器时，除非特地留意，否则用户无法注意它是虚拟服务器。

确认是否具备虚拟环境

著名的虚拟化软件包括VMWare，Hyper-V，OSS的Xen、KVM。虽然是为物理服务器分配虚拟服务器，但是查看虚拟化软件中的虚拟服务器像图5-8所示那样简单。可以像运用监控软件对多台服务器的运行情况进行监控那样对虚拟服务器进行管理。

虽然企业或团体的系统中已经引入了大量的虚拟服务器，但是还有很多比较老的系统没有创建虚拟环境。

云服务供应商和拥有大量租用服务器的ISP，因为拥有虚拟服务器才能够高效地运行系统。

那些需要更新的现有系统通常都是老系统，因此**需要确认它们是否处于虚拟环境中**。如果已经进行了虚拟化处理，且是相同的虚拟化软件，则可以比较顺利地迁移到云服务或租用服务器中。

图 5-7　虚拟服务器的概述

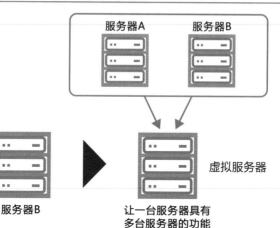

服务器A　　服务器B

服务器A　　服务器B　　让一台服务器具有
多台服务器的功能

虚拟服务器

图 5-8　虚拟服务器查看方式

Hyper-V管理器页面

在一台物理服务器中设置business process A、business process B、hadoop
#0～#3 这6台虚拟服务器

知识点

⚖ 云服务和租用服务器基本上都需要使用虚拟服务器提供服务。

⚖ 如果需要将现有的系统迁移到云端，就需要确认该系统是否支持虚拟化
功能。

与Web系统兼容的电子邮件服务器

发送电子邮件的功能与服务器

如1-10节讲解的，虽然电子邮件的机制并不包含在Web系统中，但是由于它可以与Web完美地兼容，并且经常一起使用。接下来将对电子邮件进行简单的讲解。由于发送和接收电子邮件时需要使用不同的协议，因此有时也可以和功能一起单独设置服务器。

首先，**发送电子邮件**的SMTP（simple mail transfer protocol，简单邮件传输协议）服务器需要使用发送电子邮件的协议。SMTP发送电子邮件的流程如图5-9所示，从使用电子邮件软件将电子邮件的数据发送给专门用于发送电子邮件的SMTP服务器开始。

然后，SMTP服务器会检查位于电子邮件地址的"@"后面的域名，并向DNS服务器查询IP地址。确认IP地址后，就可以发送电子邮件。

接收电子邮件的功能与服务器

接收电子邮件的是POP3（post office protocol version3，邮局协议第3版）服务器，它需要使用接收电子邮件的协议。POP3查看图5-10，就会看到SMTP服务器包括发送端的服务器和接收端的服务器。如图5-10所示，电子邮件数据本身是从发送端的SMTP服务器发送到接收端的SMTP服务器，是服务器之间传递数据。然后，用户接收自己的电子邮件时，需要使用POP3服务器接收来自接收端的SMTP服务器的邮件。如果SMTP服务器接收了发送命令，它就会立即向对方的SMTP服务器发送数据。而POP3服务器则会根据电子邮件软件设置的时间间隔定期确认电子邮件。两种服务器之间存在这种处理上的差异。

虽然有时SMTP和POP3可以作为单独的服务器使用，但是**如果是小型系统，往往会将它们作为一种功能包含在Web服务器中**。

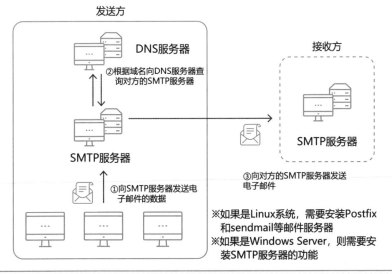

图 5-9 **SMTP服务器的概述**

发送方

DNS服务器

②根据域名向DNS服务器查询对方的SMTP服务器

接收方

SMTP服务器

SMTP服务器

①向SMTP服务器发送电子邮件的数据

③向对方的SMTP服务器发送电子邮件

※如果是Linux系统，需要安装Postfix和sendmail等邮件服务器
※如果是Windows Server，则需要安装SMTP服务器的功能

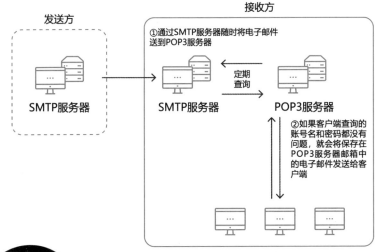

图 5-10 **POP3服务器的概述**

接收方

发送方

①通过SMTP服务器随时将电子邮件送到POP3服务器

SMTP服务器

SMTP服务器

定期查询

POP3服务器

②如果客户端查询的账号名和密码都没有问题，就会将保存在POP3服务器邮箱中的电子邮件发送给客户端

知识点　※Linux系统需要安装Devecot等

✐发送电子邮件需要使用SMTP服务器，接收电子邮件则需要使用POP3服务器。
✐如果是小型系统，通常会将电子邮件的功能包含在Web服务器中。

» 非互联网网络

企业和团体的基础网络

虽然大多数的企业和团体都在使用互联网，但是内部的基础网络是 LAN（Local area network，局域网）。而节点之间则需要使用运营商提供的通信网络，即 WAN（wide area network，广域网）。由局域网和广域网组成的企业内部的网络有时被称为**局域网**（图5-11）。

如前面所述，人们在这种网络状态下，有三种类型企业或团体：一是希望将所有的系统迁移到Web或者云端。二是希望将可迁移的系统迁移到Web系统或云端。三是没有这种需求。

但是无论是哪一种情形，都需要使用局域网和广域网的网络以及互联网的服务。广域网是一种需要使用以专用线路为代表的固定线路的服务。越来越多的员工使用VPN（virtual private network，虚拟专用网络）从外部连接企业内部网络。从全球的信息系统来看，现实中仍然还有很多以有线或无线局域网为主的系统。

保留局域网的理由

因为各种系统的服务器和连接服务器的网络设备都是通过有线局域网连接的缘故，所以保留了局域网（图5-12）。虽然这是从数据通信的质量和安全方面的考虑才形成的局面，但是也因此无法在物理上自由地将服务器移动到外部。

如在第3章的后半部分讲解的，虽然在云端创建新系统的服务器要比本地部署容易，但是如5-4节讲解的，要将现有的整个系统完全迁移到互联网环境中，并不是一件容易的事。由于从前就在倡议企业或团体要将系统迁移到Web系统和云端，因此加速了迁移的进程。但是即使排除那些关键任务系统，**要将所有的系统都迁移到互联网上，还需要花费很长的时间**。

图 5-11

局域网与广域网的示例

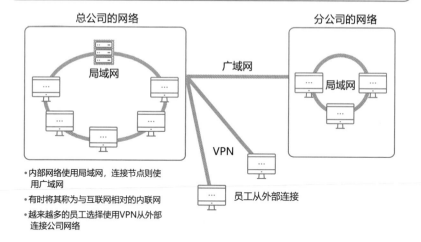

总公司的网络   分公司的网络

局域网

广域网

局域网

VPN

员工从外部连接

- 内部网络使用局域网，连接节点则使用广域网
- 有时将其称为与互联网相对的内联网
- 越来越多的员工选择使用VPN从外部连接公司网络

图 5-12

与服务器的物理连接需要使用有线局域网

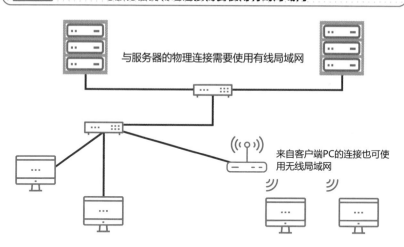

与服务器的物理连接需要使用有线局域网

来自客户端PC的连接也可使用无线局域网

知识点

📎 企业和团体的网络基本使用局域网和广域网。

📎 虽然企业的系统正在加速迁移到Web系统和云端，但是仍有一些封闭在内部网络中的系统。

» 服务器功能的区别

办公室常用的文件服务器

在第3章的后半部分,对如何创建Web服务器进行了讲解。当查看那些完成安装并启动的Web服务器时,其中包含了各种不同的功能。实际上,Web服务器在各种服务器中是独有的。

下面将以办公室常用的文件服务器为例进行分析。如果客户端PC使用的是Windows,服务器使用的是Windows Server,就需要在软件的功能中**添加"文件服务器"和"文件服务器资源管理器"**。如果服务器是Linux,则需要安装和设置Samba(图5-13)。

这些文件服务器的功能都是以微软的Windows的网络概念为前提的,即办公室里的绝大多数的Windows PC客户端需要属于上述某个工作组。网络连接也是以局域网为前提的。

Web服务器中不包含内部系统

虽然Web服务器的作用是让用户通过互联网浏览上传到Web服务器中的内容,因此有一部分与文件服务器类似的功能,但是它是一个完全不同的系统。此外,**能够接受来自外部多台终端访问的Web服务器中,基本上不会放置内部网络共享的各种业务文件,不会包含文件服务器的功能**(图5-14)。

虽然大多数情况下,在办公室中常用的文件服务器和各种业务系统经常会共存于同一网络环境中,但是Web服务器和这些系统不同,它提供着特殊的价值。

图 5-13 Windows Server的文件服务器与Samba

Windows Server的"选择服务器角色"窗口

在Linux (CentOS) 中安装Samba的窗口

Windows Server的文件服务器

使用文件服务器资源管理器
进行设置

Linux的文件服务器

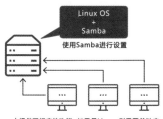

使用Samba进行设置

还有邮件服务，如果是Windows，那么在消息平台ExchangeServer中提供了相应的功能；如果是Linux，则需要单独安装和设置用于SMTP服务器的Postfix或Sendmail，用于POP3/IMAP服务器的Dovecot等

图 5-14 外部系统与内部系统的对比

Web服务器 (面向外部的系统)

- 由于Web服务器会接受来自外部终端的连接，因此不会将内部共享的文件、业务系统与它放在一起
- 可能会将FTP和电子邮件的功能包含在其中

文件服务器 (面向内部的系统)

由于文件服务器只接受来自内部终端的连接，因此常与业务系统放在一起

![知识点]

📎 在搭建文件服务器时，如果是Windows Server，需要添加文件服务器的功能。如果是Linux，则需要安装和设置Samba。

📎 可接受来自外部多台终端访问的Web服务器，不会包含内部的文件服务器与业务系统。

开始实践吧

ping命令

　　ping命令是一种无论是业务系统还是Web系统都需要使用的命令。使用ping命令，可以确认操作的设备与对方的设备（这里指Web服务器等）之间的通信是否成功。如果是业务系统，可以使用该命令确认是否与服务器建立了通信。它是一种无论是Windows PC还是Linux的终端都可以使用的方便的命令。接下来，将进行实际操作。如果是Windows PC，可运行命令提示符。

发出ping命令后的示例

　　在本示例中，在ping命令后输入IP地址。

　　Windows PC的示例安装了Linux的终端的示例如下。虽然它们在外观上略有不同，但是可以获取大致相同的信息。

在Windows中执行ping命令的示例：

```
C:\¥ >ping 182.22.59.229

正在 Ping 182.22.59.229 具有 32 字节的数据:
来自 182.22.59.229 的回复: 字节=32 时间=8ms TTL=53
来自 182.22.59.229 的回复: 字节=32 时间=8ms TTL=53
来自 182.22.59.229 的回复: 字节=32 时间=8ms TTL=53
来自 182.22.59.229 的回复: 字节=32 时间=8ms TTL=53

182.22.59.229 的 Ping 统计信息:
    数据包: 已发送 = 4, 已接收 = 4, 丢失 = 0 (0% 丢失),
往返行程的估计时间(以毫秒为单位):
    最短 = 7ms, 最长 = 8ms, 平均 = 7ms
```

Linux中执行ping命令的示例：

```
[                      ~]$ ping 182.22.59.229
PING 182.22.59.229 (182.22.59.229) 56(84) bytes of data.
64 bytes from 182.22.59.229: icmp_seq=1 ttl=31 time=159 ms
64 bytes from 182.22.59.229: icmp_seq=2 ttl=31 time=160 ms
64 bytes from 182.22.59.229: icmp_seq=3 ttl=31 time=160 ms
64 bytes from 182.22.59.229: icmp_seq=4 ttl=31 time=159 ms
^C
--- 182.22.59.229 ping statistics ---
4 packets transmitted, 4 received, 0% packet loss, time 3003ms
rtt min/avg/max/mdev = 159.959/159.997/160.036/0.490 ms
```

　　在ping命令的后面直接输入域名也可以获得类似的结果。读者可尝试输入通过第3章"开始实践吧"中的nslookup命令获取的IP地址。

　　此外，与网络相关的命令还包括ipconfig（Windows PC的命令，与Linux的ifconfig功能类似）、tracert（Windows PC的命令，与Linux的traceroute功能类似）、arp（Windows和Linux通用）等。

第 6 章

Web与云计算的关系——

理解目前web系统的底层技术

≫ 云概述与特征

什么是云

云，是云计算的简称，是指**通过互联网使用信息系统、服务器和网络等IT资源的形式**。近年来，在云上提供 Web 系统的情况有所增加。

云是由提供云服务的供应商和使用服务的企业、团体以及个人组成的（图6-1）。原本云的标记用于表示互联网，不过现在更多的是用来表示云。

云服务的特征

如图6-2所示，云服务具有诸多特征，并且与 Web 的系统和服务的兼容性非常突出。

❶**使用相关的特征**
  ●按量付费。
    根据系统的使用时间或使用量产生费用。
  ●易于增加和减少使用量。
    可根据具体的使用情况对使用量进行调整。
❷**IT 设备和系统相关的特征**
    ●IT 设备和相关设备由云服务供应商所有。
    ●机器和设备的运营都由云服务供应商负责。
    ●提供对安全性和多种通信方式的支持。

在3-9节，讲解了创建 Web 服务器与系统时，自己创建、租用服务器和服务的区别。由于云服务具有❶和❷的特征，因此**非常适合用于预计会发生变化，且难以预测未来的服务和系统**。

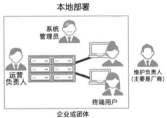

图6-1　参与云的人员

云

系统管理员
终端用户
企业或团体

云服务供应商

终端用户
个人

本地部署

系统管理员
运营负责人
终端用户
维护负责人
（主要是厂商）

企业或团体

- 虽然这里没有展示出来，但是在创建系统时会有设计人员和开发人员参与
- 本地部署的参与人员更多

图6-2　云服务的特征

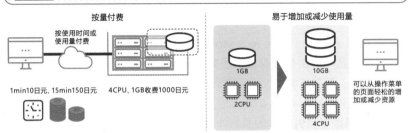

按量付费

按使用时间或使用量付费

1min10日元、15min150日元　4CPU、1GB收费1000日元

易于增加或减少使用量

1GB
2CPU

10GB
4CPU

可以从操作菜单的页面轻松的增加或减少资源

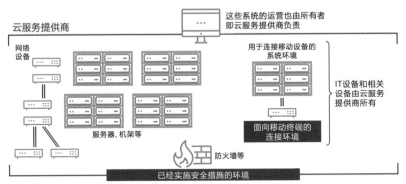

云服务提供商

这些系统的运营也由所有者即云服务提供商负责

网络设备

服务器、机架等

用于连接移动设备的系统环境

面向移动终端的连接环境

IT设备和相关设备由云服务提供商所有

防火墙等

已经实施安全措施的环境

提供安全性和多种通信方式的支持

知识点

✐ 云通过互联网使用信息系统、服务器和网络等IT资产的形态。

✐ 云服务适合用于预期会发生变化的系统和服务。例如，需要灵活地调整使用量、需要提供对安全性和多种通信方式的支持等场合。

云服务的分类

云服务的分类

目前的云提供了所有的ICT（information and commounication technology，信息通信技术）资源，提供的服务也越来越多样化。企业或组织可以仅使用云提供的自己不擅长或处理较为麻烦的部分服务。接下来，将对三种主要的服务进行介绍（图6-3）。

- IaaS（infrastructure as a service，基础设施即服务）
  IaaS是一种由供应商提供服务器、网络设备和操作系统的服务。中间件、开发环境和应用程序需要用户自己安装。
- PaaS（platform as a service，平台即服务）
  PaaS除了提供IaaS的服务外，还实现了中间件和应用程序的开发环境。ISP的租用服务器就是专门用于Web系统的IaaS服务和PaaS服务。
- SaaS（software as a service，软件服务）
  SaaS是一种允许用户使用应用程序及其功能的服务。可以对应用程序进行设置和变更操作。

云原生的登场

包括Web网站在内的Web应用和系统通常会选择IaaS或者PaaS服务。由于越来越多的企业选择在一种被称为云原生的**云环境中开发系统，并直接运用该系统**，因此PaaS的应用正在增加（图6-4）。

IaaS和PaaS是行业术语，大多数云服务供应商都提供这两种服务。

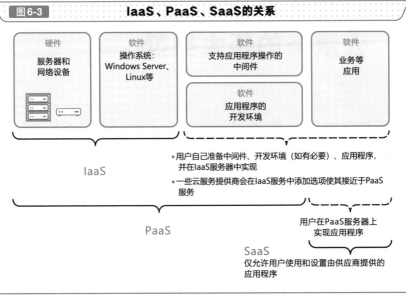

图6-3 IaaS、PaaS、SaaS的关系

硬件	软件	软件	软件
服务器和网络设备	操作系统：Windows Server、Linux等	支持应用程序操作的中间件	业务等应用
		软件 应用程序的开发环境	

IaaS

- 用户自己准备中间件、开发环境（如有必要）、应用程序，并在IaaS服务器中实现
- 一些云服务提供商会在IaaS服务中添加选项使其接近于PaaS服务

PaaS

用户在PaaS服务器上实现应用程序

SaaS
仅允许用户使用和设置由供应商提供的应用程序

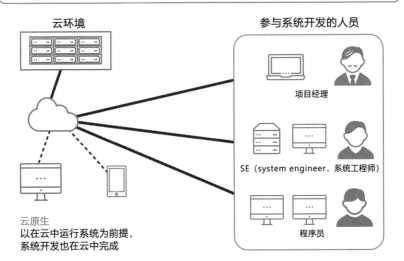

图6-4 基于云原生的系统开发

云环境

参与系统开发的人员

项目经理

SE（system engineer，系统工程师）

程序员

云原生
以在云中运行系统为前提，系统开发也在云中完成

知识点

✎ 可以从IaaS、PaaS、SaaS三个角度来探讨和选择服务。

✎ 需要考虑是否可以在云环境中开发并运行系统。

》 云服务的两大类型

公有云

在提及云服务时，大多数情况下都是指公有云。

公有云是指如亚马逊的AWS、微软的Azure、谷歌的GCP等具有代表性的云服务，是一种为不同企业、团体和个人提供的服务。

公有云具有成本优势和可以抢先使用最新技术的特征。而关于用户使用的服务器，由于供应商会根据整个系统的结构分配最佳位置的CPU、内存和磁盘，因此，用户自己不知道使用的是哪台服务器（图6-5）。

私有云与Web系统

私有云是指为自己企业提供的云服务，或者在数据中心创建自己企业使用的云空间。如果是这种情况的云服务，用户知道自己使用的是哪个系统和哪台服务器（图6-6）。

虽然云市场每年都在不断扩大，但是近年来，私有云的需求有所增加。

从目前的趋势来看，**如果是面向企业和业务合作伙伴的特定用户的Web系统，私有云服务会继续增加**。不过，那些面向很多用户的变更比较多的系统，还是会一如既往地选择公有云。

是使用云服务还是租用服务器，主要取决于提供的服务、系统的模式和规模的大小。

图6-5 在公有云中无法得知自己使用的服务器的具体位置

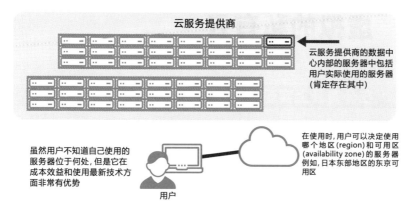

云服务提供商

云服务提供商的数据中心内部的服务器中包括用户实际使用的服务器（肯定存在其中）

虽然用户不知道自己使用的服务器位于何处，但是它在成本效益和使用最新技术方面非常有优势

用户

在使用时，用户可以决定使用哪个地区(region)和可用区(availability zone)的服务器例如，日本东部地区的东京可用区

图6-6 私有云的特征

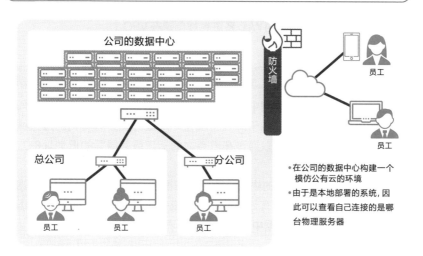

公司的数据中心

防火墙

员工

员工

总公司

分公司

员工　　员工　　员工

• 在公司的数据中心构建一个模仿公有云的环境
• 由于是本地部署的系统，因此可以查看自己连接的是哪台物理服务器

知识点

🖊 通常情况下，云服务是指公有云。

🖊 私有云正在不断增加。在Web系统中，私有云适合面向特殊用户的应用。

» 虚拟的私有云

在公有云上实现私有云

在6-3节中已经对公有云和私有云进行了详细地讲解。

实际上还存在一种在公有云上实现私有云的服务。被称为**VPC**（virtual private cloud，虚拟私有云）。

自己拥有和管理的数据中心是物理位置，而通过VPC实现的私有云中心是虚拟的数据中心（图6-7）。

如果是现实中的使用场景，可以将VPC用于需要将多个云服务系统和Web系统集中运营和管理的场合。或者将它用于创建私有云的前期阶段中。

越来越多规模比较大的Web系统也被创建在VPC上。

Web系统的物理位置

在云服务供应商的数据中心创建的VPC网络和公司自己的网络之间需要使用VPN或专线连接。由于可以将私有IP地址分配给VPC内的虚拟服务器和网络设备，因此，可以通过在节点之间指定服务器等的IP地址的方式进行连接。

综上所述，Web系统的物理位置获得有很多选择：可以租用ISP数据中心的服务器，可以使用公有云中的服务，或者选择公有云中的VPC、运营商的数据中心、公司的数据中心及私有云环境（图6-8）。

图 6-7　　　　　　　　　　　　　　**VPC的概述**

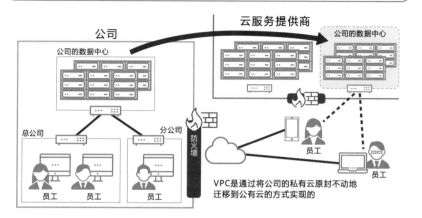

图 6-8　　　　　　　　　　　**Web系统的物理位置获得方式**

租用ISP的服务器或使用公有云

公司的数据中心或私有云环境

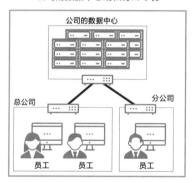

公有云中的VPC或数据中心运营商内

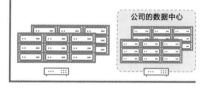

知识点

〃除了使用公有云和私有云以外，还可以使用VPC。

〃虽然Web系统可以放置在不同的物理位置，但是使用时也需要考虑其他系统的位置。

云服务供应商的概述

云服务供应商的四大分类

在全球云服务行业中的知名企业有亚马逊、微软和谷歌，它们都具有独树一帜的特征。除了这些知名的企业外，还有一些正在迎头赶上的企业。例如，日本市场上就有富士通和IBM等。这些企业同时也是知名企业的**合作伙伴**（图6-9）。

如图6-10所示，根据**业务背景以及主业是以公有云为主还是以私有云为主等条件**，可以将云服务供应商大致分为以下四类。

- 三大知名企业：具有超大规模的互联网业务和包括个人信息在内的数据处理经验。
- 大型IT企业与数据中心：提供以开源为基础的服务，具备创建大型系统的丰富经验、在云出现以前就已经具备多年数据中心业务的经验。
- 电信运营商：充分利用电信运营商的基础提供服务。
- ISP：根据经验提供独具特色的服务，同时也在扩展云服务供应商的服务。

除了上述供应商之外，在全球还有其他实力雄厚的公司和各行各业的优秀企业。

云服务供应商的选择

在Web系统中使用云服务时，无论是选择公有云还是私有云，或者是云服务供应商提供的服务，最为重要的是选择与自己需要实现的服务和系统匹配的服务。

如果读者需要加深对云的理解，那么作者建议读者学习AWS和Azure，以及OSS云的底层框架OpenStack。

图 6-9 　　　　**知名企业与其他主要的云服务供应商**

追求"第一"和"唯一"的知名企业

amazon
亚马逊

Microsoft
微软

Google
谷歌

追求"第一"和"唯一"，
同时也致力于多云的企业

合作伙伴

FUJITSU
富士通

IBM
IBM

SoftBank
软银

NTT Communications
日本电报电话公司

NIFCLOUD
NIFCLOUD

- 许多企业是知名企业竞争对手，也是知名企业的合作伙伴
- 除了上述企业，还有各种优秀的较大型和大中型的企业
- 在全球市场中，中国的阿里巴巴等企业也位列前茅
- 在日本国内，亚马逊和微软位于前两名，从第三名开始名次角逐十分激烈

图 6-10 　　　　**云服务供应商分类的示例**

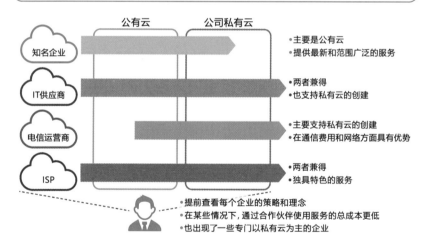

公有云　　　公司私有云

知名企业
- 主要是公有云
- 提供最新和范围广泛的服务

IT供应商
- 两者兼得
- 也支持私有云的创建

电信运营商
- 主要支持私有云的创建
- 在通信费用和网络方面具有优势

ISP
- 两者兼得
- 独具特色的服务

- 提前查看每个企业的策略和理念
- 在某些情况下，通过合作伙伴使用服务的总成本更低
- 也出现了一些专门以私有云为主的企业

知识点

✐ 根据业务背景对云服务供应商进行整理会更加容易。

✐ 如果需要学习云服务的专业知识，那么 AWS、Azure、OpenStack知识必
不可少。

》 数据中心与云服务

什么是数据中心

数据中心自20世纪90年代普及以来，现在已经是支持云服务的基础设施。

由主要的建筑公司和IT供应商共同成立的日本数据中心协会（Japan data center council，JDCC）将数据中心定义为一种将分散的IT设备组合在一起进行设置，并对它们进行有效利用的专用设施。数据中心是指用于放置互联网服务器，进行数据通信，设置和运用固定、移动及IP电话等设备的建筑物的统称（图6-11）。

数据中心提供的服务

将数据中心作为主业运营的供应商所提供的服务大致包括三种类型（图6-12）。

- **主机租用服务**：除了拥有数据中心设施（建筑物、相关设备）外，还提供ICT的运营服务，拥有并提供ICT资源。用户只需专注于软件的使用。
- **机房租用服务**：用户提供ICT设备等资源，运营和监控则由数据中心负责。
- **主机托管服务**：数据中心仅提供设施。

在数据中心提供的服务中，**云服务相当于主机租用服务。租用ISP的服务器也是主机租用服务**。

机房租用服务和主机托管服务用于对便利的网络连接和牢固的设施有需求的场合。由于这三种术语仍然在使用，因此建议读者记住它们之间的区别。

图 6-11　　　　　　**数据中心的设备**

在设置服务器和网络设备等IT设备之前，需要准备电源、空调设备、机架和可以容纳这些设备的建筑物

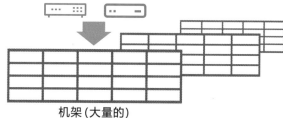

机架 (大量的)

大型的电源设备

大型的空调设备

建筑物 (数据中心)

图 6-12　　　　**主机租用、机房租用、主机托管的区别**

各类服务	数据中心的建筑物	数据中心的设备（电源、空调、机架、安全设备等	ICT 运营（系统监控、介质的更换等）	ICT 资源和设备（服务器、网络设备等）
主机租用服务	归运营商所有	归运营商所有	由运营商负责	归运营商所有
机房租用服务	归运营商所有	归运营商所有	由运营商负责	归用户所有
主机托管服务	归运营商所有	归运营商所有	由用户负责	归用户所有

云服务就像主机租用服务一样，建筑物、设备、机器都归运营商所有，运营也由运营商负责

知识点

✐ 数据中心主要提供主机租用、机房租用、主机托管等三种服务。

✐ 云服务和租用服务器相当于主机租用服务。

》 管理大量IT资源的机制

大量IT资源的管理

云服务供应商和ISP的数据中心都部署了大量的服务器、网络设备和存储器等设备。如果是大型中心，仅服务器的数量就可超1万台。在本节，将对数据中心的机制进行讲解，以供读者参考。

云服务供应商的数据中心包含被称为控制器的服务器，它**负责对服务进行集中管理和运营**。控制器也管理着大量的服务器和网络设备，就像客户服务器系统的服务器管理大量客户端PC一样（图6-13）。

控制器的功能

接下来将对控制器的主要功能进行整理。

- 虚拟服务器、网络、存储器的管理（图6-14）。
- 资源分配（用户的分配）。
- 用户认证。
- 运行状态的管理。

除了规模外，它基本上是系统运营管理中的必备功能。

如图6-14所示，云服务供应商的数据中心的特征是采用了易于在物理数量上进行扩展的结构，可以将这种思维方式作为参考运用到各种系统中。

在使用OSS提供云服务的企业中，有些平台软件正在成为事实上的标准。例如，IaaS使用的是OpenStack，PaaS则使用了Cloud Foundry。

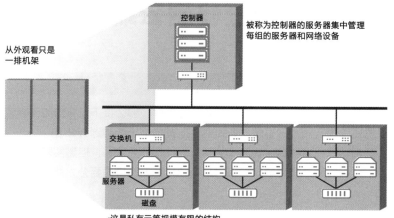

控制器

被称为控制器的服务器集中管理
每组的服务器和网络设备

从外观看只是
一排机架

交换机

服务器

磁盘

- 这是私有云等规模有限的结构
- 云服务提供商采用的是图6-14中可扩展结构

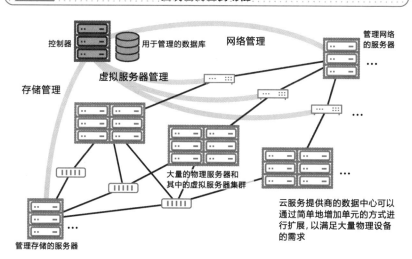

控制器

用于管理的数据库

网络管理

管理网络
的服务器

虚拟服务器管理

存储管理

大量的物理服务器和
其中的虚拟服务器集群

云服务提供商的数据中心可以
通过简单地增加单元的方式进
行扩展,以满足大量物理设备
的需求

管理存储的服务器

知识点

✎ 数据中心存在一种专门用于管理大量服务器和网络设备的被称为控制器的
服务器。

✎ 控制器的作用类似于客户服务器系统的服务器。

现有系统迁移到云端

两个阶段的迁移操作

通过前面章节讲解加深了读者对云的理解，那么接下来将对如何将现有的系统迁移到云端进行讲解，即如何将现有的系统迁移到 Web 中。

虽然将一个系统转移到另一种环境的操作称为迁移，但是实际的迁移操作并不那么容易。将非虚拟环境的系统迁移到云环境主要分为两个阶段（图6-15）。

第一阶段：服务器的虚拟化处理。

云服务基本上是以虚拟环境为前提的。因此，需要将现有的系统迁移到虚拟环境中。

第二阶段：迁移到云环境。

接着需要将经过虚拟化处理的系统迁移到云端。具体需要花费的时间取决于系统的规模和使用的软件数量。

关于第一阶段，以前都是制定迁移计划并按照步骤进行详细的操作。但是近年来，人们都选择使用虚拟化软件的迁移工具来完成这一过程。

当然，完成第一阶段之后就可以进入第二阶段了。

云迁移专用服务器

将系统迁移到云端时，可以从本地部署的虚拟服务器迁移到云端的虚拟服务器。但是，考虑需要实现准确的迁移，以及硬件和软件的兼容性，因此**使用云服务供应商提供的专用物理服务器（有时也被称为裸机等），并在该服务器中创建一个副本后再迁移到云端的情况有所增加**（图6-16）。

图 6-15　**迁移到云端的两个阶段**

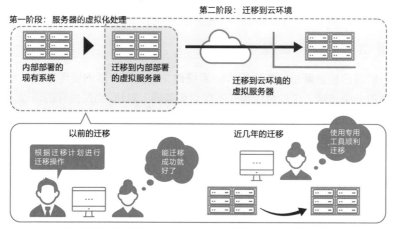

第二阶段：迁移到云环境

第一阶段：服务器的虚拟化处理

内部部署的现有系统

迁移到内部部署的虚拟服务器

迁移到云环境的虚拟服务器

以前的迁移

根据迁移计划进行迁移操作

能迁移成功就好了

近几年的迁移

使用专用工具顺利迁移

由于迁移可能会产生工时和成本，因此不能仅从技术角度考虑问题

图 6-16　**使用裸机迁移的方法**

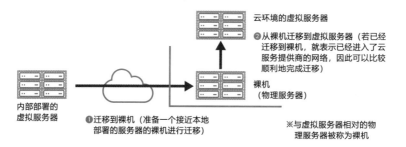

云环境的虚拟服务器

❷从裸机迁移到虚拟服务器（若已经迁移到裸机，就表示已经进入了云服务提供商的网络，因此可以比较顺利地完成迁移）

裸机（物理服务器）

内部部署的虚拟服务器

❶迁移到裸机（准备一个接近本地部署的服务器的裸机进行迁移）

※与虚拟服务器相对的物理服务器被称为裸机

要点
• 通常情况下，将系统从本地部署的物理服务器迁移到虚拟服务器时，系统的响应速度会略有下降
• 这是由于虚拟化软件加入操作系统，或者多台虚拟服务器共享资源，因此无线局域网有时会不稳定，用户只能习惯这种情况的发生

知识点

🖉 将现有系统迁移到云端时，通常都会按照首先虚拟化服务器，然后再将虚拟化的服务器迁移到云环境的顺序进行处理。

🖉 在某些情况下，可以在云服务供应商内部设置被称为裸机的物理服务器，然后从裸机迁移到虚拟服务器。

开始实践吧

查看资源的使用情况

前面已经讲解过,在运行Web系统时,检查服务器的使用情况是极为重要的一个步骤。这种思维模式不仅对服务器,对PC也是同样的道理。经常检查资源的使用情况和Web系统在设备上的负载情况是非常重要的事情。

接下来,将使用普通的Windows PC查看资源的使用情况。

Windows 10任务管理器示例

下面是一个从作者的Windows PC访问云端服务器的示例。使用SSH,英文全称 secure shell(中文外壳协议)连接云端服务器,一边查看服务器的使用情况,一边查看使用浏览器操作数据库前后的变化。

● 没有启动数据库

● 已经启动数据库

　由于启动数据库之后，浏览器与服务器之间的通信负载会增加，因此
PC端的负载也会增加。在这个示例中，CPU的使用率会直线上升。
　作者认为通过上述方式，足以让读者了解查看服务器和设备的使用情况
是多么重要的一件事情。

✏️ 读书笔记

第 7 章

Web网站的创建——

应检查的项目

》 是否使用数据库

区分Web网站与Web应用

在第1章，对Web网站、Web应用和Web系统之间的区别进行了讲解。无论是哪一种，从用户的角度看，它们看起来都是Web网站。如果是熟悉Web技术的用户，可能会看出网站的后台是否使用了数据库进行管理，这一观点是站在Web网站的管理员和开发人员的角度看的。

最为重要的一点是，决策者**需要事先清楚自己要实现的网站究竟是什么级别的**。

首先，需要确定创建的网站是只作为Web网站，还是作为Web应用使用。这些可以通过是否需要使用数据库来确定。

一个比较具体的例子就是，看其中是否需要包含会员管理、商品销售、预约服务和交易等功能，因为这些功能都需要使用数据库（图7-1）。如果只是希望通过推荐商品的介绍及发帖的方式提高客户的关注度，则使用静态页面的集合就足够了。

辨别Web应用与Web系统

如果需要进行更加复杂的处理或者系统规模更大时，就属于Web系统级别的网站了。例如，下面这些示例**就是多功能且可以与其他系统的数据进行协作的Web系统**（图7-2）。

- 连接支付代理公司的系统以支持多种支付方式。
- 提供与位置、天气等外部信息相关的服务。
- 将某种机制作为服务提供给希望使用Web开展业务的企业和个人。
- 定期上传物联网设备的数据。

上述示例都需要与外部系统关联或者需要在自己的应用程序中添加相应的功能。

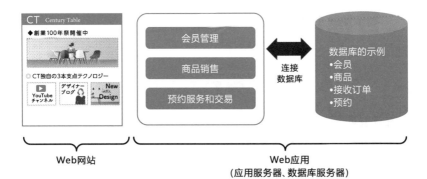

图7-1 需要使用数据库的处理

Web网站

Web应用
（应用服务器、数据库服务器）

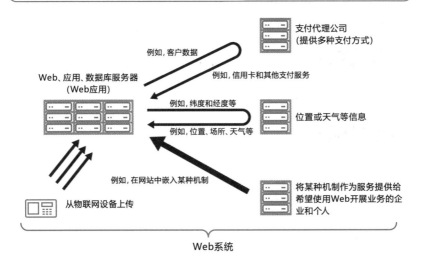

图7-2 辨别Web应用与Web系统的示例

例如，客户数据

支付代理公司
（提供多种支付方式）

Web、应用、数据库服务器
（Web应用）

例如，信用卡和其他支付服务

例如，纬度和经度等

位置或天气等信息

例如，位置、场所、天气等

例如，在网站中嵌入某种机制

将某种机制作为服务提供给
希望使用Web开展业务的企
业和个人

从物联网设备上传

Web系统

知识点

✎ 如果使用数据库，就不是静态的 Web 网站，而是 Web 应用级别的网站。

✎ 如果与其他公司的系统合作或者具备多种功能，那就属于是 Web 系统，
可以提供内容更丰富的服务。

141

》 目标用户

Web网站面向谁

在建立网站时需要考虑希望将它用于业务场景中，还是将它作为 Web 网站或系统使用。考虑**是为谁创建希望由谁使用的网站或系统**的问题也同样重要。在开展业务和发布信息之前，如果策划人员能够有一定的构思，那么正式开始着手推进工作时就会更加顺利。

如果没有明确是为谁创建的网站，那么就无法确定Web网站的设计和操作方法。例如，图7-3所示为面向20 ~ 30岁用户的网站与面向50 ~ 60岁用户的网站，图像的颜色和设计等内容都是完全不一样的。通常情况下，面向年轻用户的网站，即使操作稍有不便，也不会有什么问题。但是对于年龄较大的用户来说，则网站需要统一、流程清晰、操作简单。

在这种背景下，越来越多的公司选择在目标群体中定义具体的人物和虚构的用户，并在此基础上对网站和操作方法进行设计。这种设计方式被称为角色。

角色设置的示例

在图7-4所示的模型中，将需要购买经过精心设计的价值数十万日元的餐桌的用户设置为角色。如果已经拥有实际业务经验，也可以从现有的客户中进行选择。需要对作为模型的用户的个人信息、购买记录和购买方式等信息进行整理和设计。还有一个角色设置，是基于各种数据，从虚构的模型中创建出来的。虽然这样做可能得不到预想的效果，但是**也可能会扩大业务的范围**。

角色设置不仅适用于网站的设计，由于它与 SEO 策略和系统化范围相关，因此越来越多的企业开始讨论这种方式的可行性。

不过，除了角色设置外，还有一种用于揭示客户购买行为的被称为客户旅程（Customer Journey）的方法也在被越来越多的公司使用。

图7-3 **面向中老年人和面向年轻人的设计与操作方法的区别**

面向50~60岁人群

设计的示例

50~60岁人群的偏好
•准确（常规的）
•沉稳的配色
•易于理解

面向20~30岁人群

20~30岁人群的偏好
•时尚
•明亮的配色
•有IT和AI等关键字

操作方法的示例

•在同一页面中迁移
•在同一位置设置按钮

即使操作稍有不同，也没有问题

图7-4 **角色设置的示例**

价格: 数十万日元
尺寸: 大型餐桌

50岁	公司职员
自己家（或老家）使用	
有同居的家人	自己的房子
从购物网站购买	使用PC

A先生
从购买记录（多次）选择模型的示例

40岁	餐厅经理
作为备品购买	
从购物网站购买	使用PC

B先生

40岁	牙医
放在别墅使用	
房地产公司的推荐或通过其他网站的链接购买	使用手机

C先生
设置虚构的模型的案例

•从购买记录中选择模型基本上不会有太大的修改
•由于是在当前网站销售，因此无须进行大的修改

•选择虚构模型时，可能会有较大修改
•也是一次重新审视营业方式的机会

知识点

✐ 设计和操作方法可能会随着Web网站面向的客户群体的不同而产生巨大的差异。

✐ 基于角色进行设计可能会扩大业务范围。

创建网站的准备工作

Web网站的创建与运营的元素

确定好业务内容和Web系统的概述以及用户群体后，就可以继续创建Web网站。

要运行Web网站，**需要做好创建网站相关的准备工作和创建网站后的运营工作**。前面已经提过，在建立Web网站时，需要对**内容制作**、网站设计、系统的开发、服务的选择以及运行后的管理进行探讨。这些内容的权重虽然会根据系统的复杂程度和规模的大小而发生变化，但是作为元素是不变的。如图7-5所示，在纵向列出了相应的项目，并按照创建前和运行后进行了整理。如果可以更加具体地列出详细的内容，那么就可以联想到每个项目的权重（难度）和体制。

当然，如果企业或者用户可以自己完成的网站创建和运行，自己操作也是可以的。但是实际上，由于完成以上工作需要具备相关专业知识和时间，通常会将这类工作外包给专业公司。

运行后添加的元素

在创建Web网站时，由于内容制作和系统开发等方面的工作会十分繁忙，因此人们可能会觉得很辛苦。然而实际上，网站开始正式运营之后辛苦程度也差不了多少。

如果开始的设计准确合理，可以只对系统稍作修正和更改即可。但是**内容的维护和管理以及新内容的添加是需要持续进行的**。无论网站的规模有多大，只要继续这些操作就会花费相应的时间。此外，还需要添加**访问解析**和系统的运营及监视等新的元素（图7-6）。

综上所述，网站建立之前工作繁忙，网站运行之后也有很多工作需要处理，这取决于网站的具体内容。如果是创建新的店铺，那么忙碌程度就会根据是否开展业务（仅限于陈列室功能等）、规模大小、客流量大小等因素而异。

图 7-5　　　　　　　　　　创建网站时的准备工作与运行后的操作

涉及工作	创建网站时的准备工作和启动	运行后的操作
内容制作	启动时的内容	●运行后添加功能、更新或删除现有内容 ●也会受访问解析和SEO策略的影响
网站设计	包括首页在内的设计	●顶部图像的替换、更新等 ●也会受访问解析和SEO策略的影响
系统开发、服务选择	配合Web应用和系统的开发、使用SaaS等服务和平台时无须进行开发	主要是更改和添加的操作
SEO策略	配合搜索引擎的搜索关键字的设置	基于访问解析和假设来设置和更改搜索关键字以及设置链接等
访问解析	启动时需要确定解析方法和选择工具	进行定期分析，以促进网站根据使用目的进行更改
系统运行和监视	启动时需要确定如何运行和监控，以及选择工具	●把握运行情况，定期进行备份等 ●基本上是自动化操作

※ 在制作内容之前，有时需要使用7-2节中讲解的角色和客户旅程形成概念

图 7-6　　　　　　　　　　设立前后的主要操作

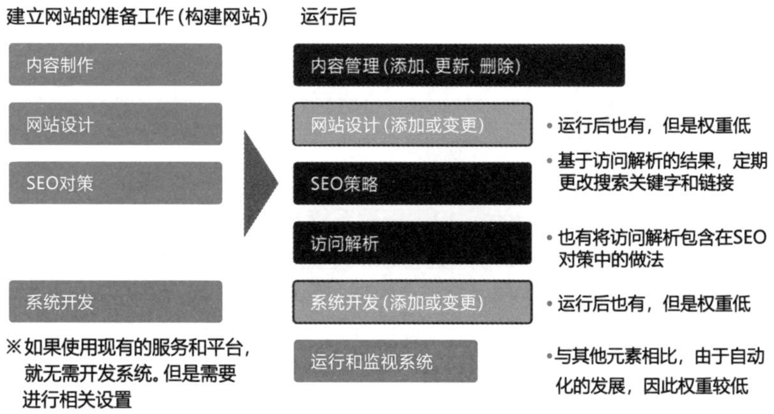

建立网站的准备工作 (构建网站)　　运行后

内容制作		内容管理 (添加、更新、删除)	

| 网站设计 | 网站设计 (添加或变更) | ·运行后也有，但是权重低 |

| SEO对策 | SEO策略 | ·基于访问解析的结果，定期更改搜索关键字和链接 |

| | 访问解析 | ·也有将访问解析包含在SEO对策中的做法 |

| 系统开发 | 系统开发 (添加或变更) | ·运行后也有，但是权重低 |

※ 如果使用现有的服务和平台，就无需开发系统。但是需要进行相关设置

| | 运行和监视系统 | ·与其他元素相比，由于自动化的发展，因此权重较低 |

知识点

❀在设立Web网站时，需要预先整理好启动之前和运行之后的工作内容。
❀只要Web网站存在，内容的制作和管理就是需要持续进行的工作。

》 内容的管理

Web网站中最重要的操作

从Web网站建立前到运行后的过程中，最为重要且权重最大的是**内容的管理**。

如果是商业网站，不仅需要展示和介绍新的商品和服务，还需要介绍以前的商品。除了制作新的内容之外，还需要随时更新以前的内容，因此要保证Web网站持续运行，那么无论网站规模如何，这些都是定期或日常会产生的工作（图7-7）。

以前，是使用网站创建器等软件来制作和管理内容，这些软件在独立于专用软件或Web服务器的终端上发布内容。但是，目前正在分为在Web服务器上制作和管理，以及在各种媒体提供信息管理的两种形式（图7-8）。当然，有一个前提是不能忽略的，就是**"由谁操作"与谁是内容管理员**。

使用CMS

如果只是创建单一的Web网站，目前的主流做法就是使用CMS（content management system，**内容管理系统**）。在Web服务器上完成内容制作、发布和运营的一系列处理。CMS有很多种，其中包括OSS（如Word-Press和Drupal）和产品服务（如Adobe Experience Manager）；还有与SNS合作的CMS。另外，也有一些企业或个人不是使用CMS，而是使用HTML和图像等文件对内容进行管理。

虽然每种CMS都具有自己的特征，但是根据内容本身的制作、内容的资产和版本管理，以及企业对团队合作和从制作到发布的工作流程，SEO策略和营销功能等需求的不同，企业的喜好也会有所不同。因此，**如果是具有一定规模的Web网站，那么使用CMS会更加简单，所以这种方法就变成了一种主流的网站创建方式**。

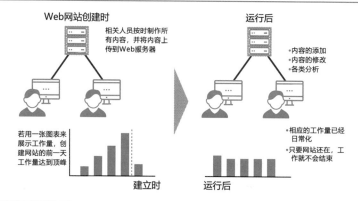

图7-7 在运行后也需要进行相应的内容管理工作

Web网站创建时

相关人员按时制作所有内容，并将内容上传到Web服务器

运行后

• 内容的添加
• 内容的修改
• 各类分析

若用一张图表来展示工作量，创建网站的前一天工作量达到顶峰

建立时   运行后

• 相应的工作量已经日常化
• 只要网站还在，工作就不会结束

图7-8 内容制作环境的变化

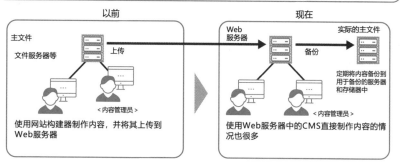

以前

主文件

文件服务器等   上传

<内容管理员>

使用网站构建器制作内容，并将其上传到Web服务器

现在

Web服务器   实际的主文件

备份

定期将内容备份到用于备份的服务器和存储器中

<内容管理员>

使用Web服务器中的CMS直接制作内容的情况也很多

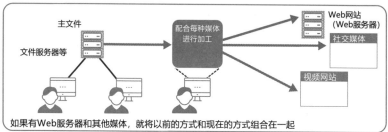

主文件

文件服务器等   配合每种媒体进行加工

Web网站
（Web服务器）

社交媒体

视频网站

如果有Web服务器和其他媒体，就将以前的方式和现在的方式组合在一起

知识点

✎ Web网站中最为重要的任务是内容管理，因此需要首先明确由谁来负责操作。

✎ 如果创建有一定规模的Web网站，建议根据实际需求使用相应的CMS。

域名的获取

注册商与注册公司

在本节中，将讲解如何获取唯一域名并发布网站。

在企业或团体中，系统的管理员会为客户端PC分配IP地址和计算机名称。**在互联网中，也同样需要进行这种操作。**例如，当某个团体或个人需要获取唯一域名时，在大多数情况下，**需要向提供Web服务器和互联网环境的ISP或云服务供应商提交申请。**

如图7-9所示，收到申请的供应商，会通过为域名注册商（ICANN[1]认可的注册商）的接受域名登记申请的供应商，将申请的数据递交给按照dot com（.com）或dot com（.jp）等顶级域（top level domain，TLD）划分的注册企业的管理企业进行注册。.com由美国的Verisign企业负责。.jp则由日本注册服务企业（JPRS）负责。

如何获取域名

虽然需要通过上述手续获取.com和.jp等唯一域名，但是只要在ISP或云服务供应商的网站输入必要的信息进行申请，等待1～2天就可以立即开始使用。如果不局限于.com或.jp的域名，还可以获取很多其他类型的域名。

如果需要获取唯一域名并启动Web网站，就要如图7-10展示的那样，检查需要使用的域名是否已被使用，同时还需要确认应当从哪家供应商租用Web服务器。如果已经确定租用哪家供应商的服务器，那么通常情况下，可以在签订服务器租用合同时一起申请域名。除了一些大型企业，其他企业通常都是采用这种方式申请域名的。如果没有唯一域名，就无法拥有自己的电子邮件地址。因此，如果读者有要使用的域名，建议尽快检查该域名是否可以使用。

―――――――――――

[1] ICANN（Internet Corporation for Assigned Names and Numbers，互联网名称与数字地址分配机构）。

图7-9 域名申请流程

- 在企业或组织中，由信息系统部门或系统管理员管理公司的网络
- 虽然互联网是一个自由的世界，但是它也是一个公共场所，因此域名由各机构联合进行严格地管理

※参考日本网络信息中心（Japan network information center，JPNIC）的Web网站创建

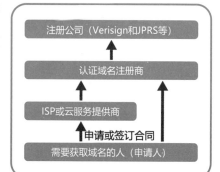

注册公司（Verisign和JPRS等）

↑

认证域名注册商

↑　　　↑

ISP或云服务提供商

↑ 申请或签订合同

需要获取域名的人（申请人）

图7-10 域名的常见示例

①搜索域名

ISP的搜索页面

centurytable

搜索

没有使用centurytable的.jp和.com！

※centurytable.jp或centurytable.com在编写本书时可以使用

笔者认为这是一个与家具有关的好听的域名

与①并行讨论在哪里设置Web服务器

ISP或云服务提供商

注册公司或域名注册商

②通过提供商申请

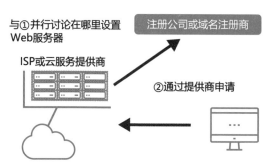

不过，因为某些业务发展，可能需要进行以下操作

- 获取其他域名（例如，centurytablestore.jp）
- 创建子域名（例如，store.centurytable.jp）
- 设置子目录（例如，centurytable.jp/store/）

需要从总成本、系统、SEO策略、品牌等方面进行探讨

知识点

✎ 就像在公司内部需要由系统管理员分配IP地址和计算机名称那样，在互联网世界也同样需要获取域名。

✎ 获取.com和.jp等唯一域名时，需要完成一些基本的申请手续。

个人信息保护的措施

Web网站必备的菜单

如果是商业网站，就需要对个人信息进行保护。个人信息是指可以通过姓名和其他描述来识别具体某个人的信息。如果只是一个常见的姓名，是无法识别出具体某个人的，但是如果加上具体的企业、学校和住址等信息，就能够准确识别到个人。在日本，自2017年修订后的个人信息保护法实施以来，所有需要处理个人信息的企业和个人都必须遵守。

因此，这些处理个人信息的Web网站**必须在"个人信息保护"和"隐私政策"等页面表明使用意图和具体的保护措施并征得用户同意**。其中，还有一些企业获取并展示了隐私标签。此外，自2020年6月起，通过Cookie获取信息也需要征得用户同意。这种对个人信息保护的举措，推动了各家企业加强Web网站和系统的安全性。由于个人信息保护会受欧盟的GDPR（General Data Protection Regulation，通用数据保护条例）趋势的影响，因此也需要时刻关注媒体的报道。

在建立商业网站时，个人信息保护必须是固定页面的一个菜单。因此，近年来出现了很多包含政策、使用目的、第三方数据处理及信息、披露等内容的模板（图7-11）。

在线销售必须显示的内容

在日本，如果是在线销售的场合，在注明个人信息保护的同时还必须注明《特定商业交易法》的事项，因为在线销售属于"特定商业交易法"类型中的邮购销售。因此，为了防止出现问题，"特定商业交易法"中明确注明了付款方式和如何退货等内容（图7-12）。

在本节，虽然只从法律角度重点对必须设置的页面进行了讲解，但是通常情况下，网站都必须设置咨询和常见问题解答等页面。如果是企业网站，那么企业概要通常为"关于我们"也是必备页面。

图 7-11　　　　　　　　　隐私政策的示例

第1条　个人信息
　　"个人信息"是指个人信息保护法中定义的"个人信息"，是指自然人相关的信息。包括姓名、出生年月日、住址、电话号码、联系方式及可以通过其他描述方式识别具体个人的信息、面部特征、指纹、声纹相关的数据，以及健康保险卡的保险人编号等能够从单一信息识别具体个人的信息（个人识别信息）。

第2条　个人信息的收集方法
　　当用户注册使用时，可能会要求用户提供姓名、出生年月日、住址、电话号码、电子邮件地址等个人信息。此外，可能会从业务合作伙伴（包括信息提供方、广告商、广告分发目的地等）收集包括用户与业务合作伙伴之间的个人信息在内的交易记录和付款相关的信息。

　　此外，还包括收集和使用个人信息的目的、改变使用目的、向第三方提供个人信息、个人信息的披露和咨询窗口等项目相关的详细内容。

- 在商业网站中会显示隐私政策的样板
- 在大型企业的网站中，隐私政策可能不包含在菜单中。在这种情况下，通常需要使用个人信息的实际业务由子公司运营
- 只要存在能够识别个人的可能性，即使是进行问卷调查也需要遵守《个人信息保护法》，征得本人同意

图 7-12　"特定商业交易法"的付款方式和退货内容规定

在负责人、地址、电话号码、咨询窗口、网站URL的后面通常会显示下列内容。

销售价格：在购买过程中销售价格会显示在页面上。消费税包含并显示在商品价格中。

售价之外的费用：互联网连接费用、通信费由客户承担。

交货时间：在购买商品时显示在交易页面上。

付款方式：我们接受以下付款方式。
- 信用卡
- 便利店支付
- 货到付款

……接着是关于退货等相关规定的内容。

- 有时会显示《特定商业交易法》，有时则会将《特定商业交易法》简称"特商法"显示在菜单中
- 需要与隐私政策一起进行确认的页面

知识点

✐ 需要处理个人信息的 Web 网站，必须设置个人信息保护和隐私政策相关的页面。

✐ 在线购物网站除了需要注明个人信息保护的内容外，还需要注明特定商业交易法相关的内容。

» 支持https连接的功能

使用https显示整个Web网站

需要处理个人信息和支付信息的商业网站，基本上都是使用3-7节讲解的与支持SSL通信的https进行连接。在主要的浏览器中，如果是使用http连接，就会显示无安全保护等警告。

另外，虽然Web网站本身是使用https连接的，但是有一些用户会在浏览器中输入http。在这种情况下，为了确保安全，也需要从http切换到https。这种网站或页面的切换被称为重定向。虽然重定向在建立网站后也可以进行设置，但是基本上这是在建立网站之前需要执行的操作。

在重定向https时，必须执行下列操作。详细的操作因服务器的创建方式而异（图7-13）。

- **购买和设置SSL证书。**
  需要将SSL证书安装到服务器并进行相应的设置。
- **将端口80（http）中的访问切换到端口443（https）。**
  需要进行专门的设置来执行切换处理。

由于上述操作都在各个环境中执行，因此都提供了相当于手册的操作流程。

重定向的示例

在建立网站后尝试执行重定向的处理时，很可能会出现旧页面和新页面暂时混合在一起的情况。**从使用的复杂程度和对搜索引擎的影响来说，要尽可能避免这种情况**。

在图7-14中展示了Apache的示例。可以看到其中创建了专门用于重定向的文件，可以执行一个网站到一个页面的处理。

图 7-13　重定向所需的设置

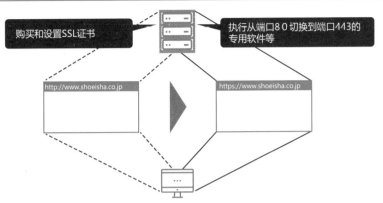

购买和设置SSL证书

执行从端口80切换到端口443的专用软件等

http://www.shoeisha.co.jp

https://www.shoeisha.co.jp

• 即使输入http，也会自动切换到https
• 在公司内联网中也在使用SSL

图 7-14　整个网站实现重定向的示例

• 例如，若是Apache的Web服务器，创建和上传一个名为.htaccess的文件就可以实现重定向
• .htaccess是一个可以在Apache服务器的目录设置的文件

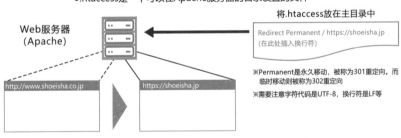

将.htaccess放在主目录中

Web服务器
(Apache)

Redirect Permanent / https://shoeisha.jp
(在此处插入换行符)

※Permanent是永久移动，被称为301重定向。而
临时移动则被称为302重定向

※需要注意字符代码是UTF-8，换行符是LF等

http://www.shoeisha.co.jp

https://shoeisha.jp

• 对于每个页面，可以使用名为RewriteRule的命令编写转发方和转发目的地
• 虽然使用.htaccess可以进行各种操作，但是如果编写错误，就有可能跳转到另一个不是由自己管理的网站从而造成麻烦，因此需要注意
• 如果是WordPress，也可以不使用.htaccess，而是使用专用的插件软件来处理

知识点

✐ 在设置https重定向处理时，虽然需要设置SSL证书和切换用户的访问，但是详细地设置内容因服务器的创建方式而异。
✐ 可能会因为各种原因和要求需要执行重定向的处理，注意在操作时需要谨慎。

提供对智能手机与PC的支持

浏览器显示的两种类型

在图4-4中已经提到过响应式支持。虽然访问Web服务器的终端主要是智能手机和PC，但是要求Web系统能够提供对各种终端的支持。企业的业务系统，也越来越多使用各种终端和浏览器进行访问，因此必须考虑响应式，这也逐渐成为至关重要的一个步骤。

通常情况下，浏览器的显示方式有两种，这取决于使用什么样的系统（图7-15）。

- **不改变设计的类型：无论终端大小，显示方式都相同。**
 由于终端尺寸变小时，页面比例也会变小，因此通常可以沿用PC屏幕的尺寸进行显示。
- **改变设计的类型：通过终端尺寸的大小改变显示方式。**
 通过终端的大小来改变设计。

虽然目前Web网站的主流显示方式是后者，但是在业务系统中，由于偏好相同的页面和操作方式，因此有时也会选择前者。也就是说，两种方式在实际当中都会使用。

响应式设计

当前的响应式是通过获取并识别终端的屏幕尺寸（宽度）来区分用于智能手机的CSS和用于PC的CSS。从这个层面讲，**设计会发生变化的方式就是响应式设计**。

屏幕大小的分界点被称为断点。就像PC/平板电脑联盟与智能手机军团的分支一样，多数人将相当于边界线的值作为断点进行分支（图7-16）。终端尺寸通常会在几年内发生变化，因此断点也会相应的发生变化。不过，目前响应式是一项重要功能。

图 7-15 设计不变类型与变化类型的示例

【设计不会发生变化的类型（配合PC的屏幕）】

- 可以在比较老的Web网站上看到这种设计，在智能手机上显示的文字较小
- 公司的业务系统多采用这种类型
- 优点是在不同终端也可以用同样的方式进行操作

【设计会发生变化的类型（匹配终端屏幕的大小）】

- 目前Web网站的主流
- 易于用户浏览（图像大小合适）

图 7-16 实现响应式支持的代码

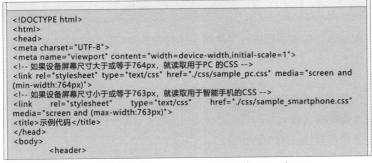

```
<!DOCTYPE html>
<html>
<head>
<meta charset="UTF-8">
<meta name="viewport" content="width=device-width,initial-scale=1">
<!-- 如果设备屏幕尺寸大于或等于764px，就读取用于PC的CSS -->
<link rel="stylesheet" type="text/css" href="./css/sample_pc.css" media="screen and
(min-width:764px)">
<!-- 如果设备屏幕尺寸小于或等于763px，就读取用于智能手机的CSS -->
<link    rel="stylesheet"    type="text/css"    href="./css/sample_smartphone.css"
media="screen and (max-width:763px)">
<title>示例代码</title>
</head>
<body>
        <header>
```

- 在meta标签的viewport后面，编写分支的sample_pc.css和sample_smartphone.css
- 在此示例中，假设智能手机的屏幕尺寸小于或等于763px
- 近年来，以智能手机浏览为主，并根据需要对PC布局进行探讨的情况也较多
- 由于已经在主要的CMS和显示页面的框架中实现，因此无须编写上述代码

知识点

✐ 作为系统页面的外观，有根据终端大小改变设计的类型和不改变设计的类型两种。

✐ 设计会根据屏幕大小的断点而发生变化，这种方式是响应式，是目前的主流做法。

提供对不同设备的支持

支持所覆盖的设备

用于浏览Web页面的设备主要包括智能手机、PC、平板电脑等。在7-8节已经讲解了显示方式会根据窗口大小而发生变化。除此之外，也可能会出现需要支持其他特殊设备的需求。在这种情况下，就可以像7-8节中的PC和智能手机那样，使用CSS来不断添加支持设备。

在HTML和CSS中，可以通过指定媒体类型的方式，**为每种设备更改设计。打印机**就是一种用户经常会使用的媒体类型。无论在PC中显示的画面有多么生动颜色有多么鲜艳，通过打印机输出时，也会被校正为背景色为白色文字为黑色字体的打印版本（图7-17）。

可指定设备的种类

刚刚以打印机为例进行了说明，还有很多种可以作为媒体类型指定的设备（图7-18），以下为常用的几种。

- **打印机（print）**。
- **电视机（tv）**。
- **移动终端（handheld）**。
- **投影仪（projection）**。
- **盲文显示机（braille）**。
- **音频输出设备（aural）**。

虽然上面列举的设备中没有包含游戏机，但是由于游戏机中搭载了浏览器，因此会像智能手机和PC那样根据窗口大小优化显示。

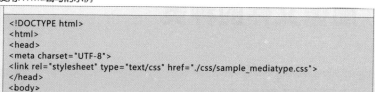

图 7-17　指定打印机为媒体类型的示例

使用HTML编写的示例

```
<!DOCTYPE html>
<html>
<head>
<meta charset="UTF-8">
<link rel="stylesheet" type="text/css" href="./css/sample_mediatype.css">
</head>
<body>
```

※还可根据每种媒体类型编写不同的CSS

使用CSS编写的示例

```
@media print{
    body{font-size:small;
    }
```

网页的浏览

网页的印刷
（预览查看）

在印刷时，显示往往很简单，这是因为使用CSS进行了
这样的编写

图 7-18　可作为媒体类型指定的设备

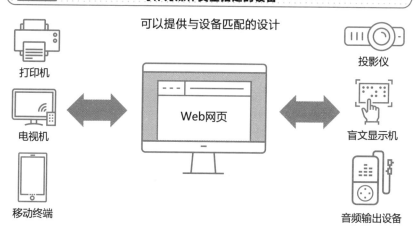

可以提供与设备匹配的设计

打印机

电视机

移动终端

Web网页

投影仪

盲文显示机

音频输出设备

知识点

✎ 可以通过HTML和CSS的媒体类型来为每种设备设计页面。

✎ 尤其在进行打印机输出时经常被使用。

》 图像文件的种类

Web中使用的图像文件

在大多数的Web网站中，以首页为代表的Web页面都使用了图像文件。主要使用的文件格式有JPEG、PNG和GIF等（图7-19）。

- **JPEG**

  JPEG，英文全称joint photographic experts group，是使用数码相机和智能手机拍照的标准图像文件，最多可处理1677万种颜色。它的特征是可以在肉眼无法区分的情况下降低原始图像的质量并将其压缩成尺寸较小的文件。

- **PNG**

  PNG，英文全称portable network graphics，与JPEG一样，也可以处理1677万种颜色。由于可以根据图像的位置调整透明度来缩小文件大小，因此经常被用于首页和商品的示例图像中。

- **GIF**

  GIF，英文全称graphics interchange format，虽然它只能处理256种颜色，但是可以作为动画使用。最近由于视频数量的增加，注重设计和颜色的网页也越来越多，因此使用频率有所下降。

根据外观和响应而定

在社交媒体中，人们会直接将智能手机拍摄的图像上传，因此JPEG仍然是主流。但是在Web网站中，PNG的使用却有所增加。即使是在这种情况下，也需要创建PNG和JPEG的图像来进行比较，然后再作决定（图7-20）。虽然最终还是会**根据外观和响应来作出判断**，但是使用的图像文件在一定程度上是根据Web网站的特征确定的。

图7-19 **JPEG、PNG、GIF的特征**

文件格式	颜色数量	数据大小	压缩与画质	透明处理
JPEG	1677万种	中 （画质有损但可压缩）	数据的压缩会使画质受损	不可以
PNG	1677万种	中 （可以对不要的背景进行透明处理以缩小大小）	数据的压缩不会使画质受损	可以 （指定范围）
GIF	256种	小	数据的压缩不会使画质受损	可以 （指定颜色）

●JPEG中的数据压缩被称为非可逆压缩，无法恢复原始图像的数据。
●PNG和GIF可以完美恢复原始图像的数据。

图7-20 **根据外观与响应作出判断的示例**

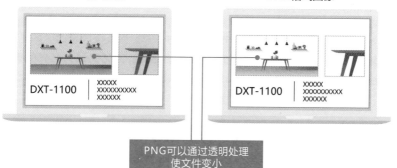

●对JPEG图像和PNG图像进行比较是工作中常有的事（当然也可以不并排对比）
●用户能够看到什么样的页面，或者作为创作者是否能够传达想要传达的信息，都可以通过开发者工具验证其响应时间
●近年来使用较多的做法是在首页使用PNG可以流畅地显示页面
●也可使用CSS根据页面大小指定最优图像
●一旦5G得以普及，预计人们都会选择最清晰的图像

知识点

✎近年来的Web网站通常都会使用JPEG和PNG格式的图像文件。
✎可以根据外观和响应来选择最优的图像文件。

» 防止复制保护措施

通用的防止复制措施

　　站在 Web 网站供应方的角度看，有些运营商并不想让自己花重金制作的页面图像被他人随意地复制，而有些运营商则希望图像被他人大量复制以达到促销宣传的目的。

　　从用户的角度看，如果网站不仅能够提供 URL 地址，还能够引用文本和使用图像进行介绍，那自然很好。

　　复制保护的基础是禁止拖动和右击等操作，需要在 CSS 和其他文件中添加**防复制代码**。当然也有添加专用软件的方法（图 7-21）。但是，对于使用开发者工具的用户和某些系统环境而言，这种方式是完全发挥不了保护作用的。

　　例如，在使用智能手机时，根据机型的不同，当长按屏幕时，即使是经过防复制处理的图像，有时也能够被捕获。此外，无论采取什么样的措施，都无法预防截图。

不得不采取的措施

　　特别是图像和视频，**由于被复制是不可避免的，因此对图像本身采取措施**就是不得不采取的措施（图 7-22）。

- **将画质降低到即使被复制也不会受影响的水平。**
- **在所有可能会被复制的图像中添加水印。**

　　关于复制保护，**网站具有一致性**是非常重要的。

　　例如，使用 https 协议对整个网站进行了全面保护，并且在个人信息保护方面十分安全的 Web 网站，如果网页内容可以轻易被复制，就说明该网站没有确保一致性。无论是哪种情形，包括思维方式在内，这方面的措施是与重定向同样重要的，需要在开设网站之前做好充分准备的要点之一。

<table>
<tr><td>图 7-21</td><td>防复制代码的示例</td></tr>
</table>

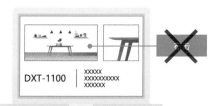

使用html编写的示例

```
<img src="sample_image.jpg " width="600 "
height= "300" oncontextmenu="return false;
">
```

使用JavaScript编写的示例

```
document.oncontextmenu = function
( ) {return false; }
```

DXT-1100

- 近年来，采取防复制代码策略是主流做法，用JavaScript和TypeScript编写的例子有很多
- 如果是WordPress，就会添加专用插件
- 对于那些可以使用开发者工具对禁止右击的代码进行解析的人，也会知道如何解除禁止单击右键，因此这个办法行不通

<table>
<tr><td>图 7-22</td><td>对图像本身的采取的措施</td></tr>
</table>

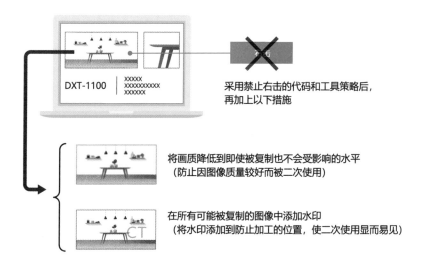

DXT-1100

采用禁止右击的代码和工具策略后，
再加上以下措施

将画质降低到即使被复制也不会受影响的水平
（防止因图像质量较好而被二次使用）

在所有可能被复制的图像中添加水印
（将水印添加到防止加工的位置，使二次使用显而易见）

知识点

- 复制保护可以通过CSS和专用软件实现。
- 有些措施是防止复制不得已的方法。

» 视频和音频文件

注意文件格式

有时，需要根据提供的商品和服务，使用视频等文件以更易于理解的方式向外界传达信息。

在这种时候，需要考虑的是**分发文件的格式和发送的方法**。

例如，使用iPhone手机拍摄的视频是 mov 的文件。使用Android的智能手机拍摄的则是 mp4 的文件（图7-23）。

使用Windows PC制作的音频文件格式是wav，但是wav文件通常无法在智能手机上播放。虽然文件格式不同已经是非常平常的事情，但是也有需要注意的地方。从目前来看，如果是视频，那么通常会选择在各种终端都可以播放的mp4格式。如果是音频，则选择mp3格式会比较好。

视频的发送方法

视频的发送方法主要包括以下两种（图7-24）。

- 下载：可以从Web服务器下载。虽然下载没有完成，就无法进行播放，但是只要下载一次，用户就可以随时进行观看。但是，很难保护文件的版权。
- 流媒体：由于是将文件分割成小块进行发送的，因此可以一边下载一边播放。虽然可以保护版权，但是需要使用专用的播放机制。

此外，流媒体是通过实时播放和点播等方式根据使用场景提供的。

近年来，越来越多的Web网站选择将视频共享网站的视频发布在自己的网站中，以这种简单的方式提供内容。

图 7-23

mov与mp4的对比

文件格式	文件的制作	使用场景	可用的主要视频编解码器
mov	● Apple 的标准视频格式 ● 使用 QuickTime 是基础	适合作为在 PC（MAC）进行编辑原始文件	H.264、MJEG、MPEG4
mp4	现在最常用的，如 Android 等系统的视频格式	YouTube 等网站推荐使用，是视频分享网站的常用格式	H.264、Xvid

- 将视频压缩到视频编解码器（视频文件的标准或格式）的操作被称为编码。恢复和播放经过压缩的文件则称为解码
- mov 和 mp4 是将视频、音频、图像和字幕作为容器存储在单个文件中的格式。视频画质和文件大小由编解码器决定
- MPEG4 英文全称 moving picture experts group，是压缩视频和音频数据的标准之一。而 MP3 则是音频压缩的标准之一

图 7-24

下载与流媒体的区别

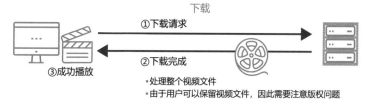

下载

①下载请求

②下载完成

③成功播放

- 处理整个视频文件
- 由于用户可以保留视频文件，因此需要注意版权问题

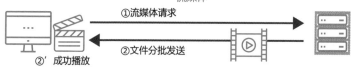

流媒体

①流媒体请求

②文件分批发送

②'成功播放

- 视频文件被分割成小块，并从接收到的部分开始播放。由于播放完毕的数据会被删除，因此不存在版权问题
- 需要专门用于流媒体的功能
- 还有一种介于下载和流媒体之间的渐进式下载

知识点

✐ 可以根据用户使用的终端选择最优的文件格式。

✐ 视频的发送方法主要包括下载和流媒体。

以管理员身份连接Web服务器的方法

管理员的权限

在开设Web网站后，需要作为管理员添加和更改内容、确认操作、更新软件等，对Web网站和服务器的后端进行管理，也需要作为用户访问和查看网站前端。ISP等供应商通常会将前者称为域管理员和网站管理员，将后者称为用户，可以**根据权限来区分称呼**。

域管理员可以访问目标域中的所有资源，具有对用户进行添加和变更操作的管理员权限。如果电子邮件地址也在相同的域，那么管理员也可以对其进行管理。网站管理员则具有对目标Web网站进行管理的管理员权限，虽然可以添加和更改内容，但是不能添加和更改用户。用户可以使用目标域的电子邮件地址，而浏览Web网站则与普通用户并无差别（图7-25）。

从外部连接Web服务器的方法

从外部连接Web服务器的方法大致包括以下三种（图7-26）。

- **HTTP（HTTPS）连接**：从用户的角度查看Web网站。
- **FTP连接**：使用FTP软件进行连接。主要目的是添加和更改内容。
- **SSH（secure shell）连接**：虽然具体的步骤因ISP和云服务供应商而异，但是这是建立安全连接的主流方式。在使用SSH的软件指定需要连接的终端和IP地址的同时交换密钥文件进行安全连接（图7-26）。也可以对服务器的内部进行更换处理。

希望读者了解这些可以根据权限进行正确连接的方法。

图 7-25 **域管理员、网站管理员、用户的差异**

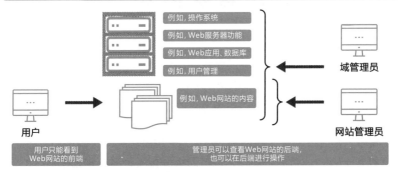

- 域管理员可以设置服务器、管理内容和用户等，可以进行任何操作
- 网站管理员只能管理Web网站的内容
- 用户无法查看网站后端的内容

图 7-26 **访问外部Web服务器的三种连接方法与SSH连接的示例**

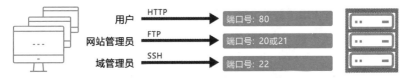

- 在CMS和低代码开发中，有时不会使用FTP和SSH，而是使用HTTP进行维护
- SSH是一种旨在让服务器管理员安全地连接到服务器的连接方法
- 虽然有密码和公钥认证的方式，但是主要的ISP和云服务提供商都是选择后者

参考:
SSH连接的例子

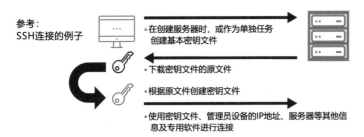

- 在创建服务器时，或作为单独任务创建基本密钥文件
- 下载密钥文件的原文件
- 根据原文件创建密钥文件
- 使用密钥文件、管理员设备的IP地址、服务器等其他信息及专用软件进行连接

知识点

🖉 ISP会根据权限区分域管理员、网站管理员和用户等称呼。

🖉 外部的Web服务器可以根据不同的权限，使用HTTP（HTTPS）、FTP、SSH三种连接方法。

根据网页图标查看 Web 商务

想必熟悉 Web 网站和从事 Web 网站相关工作的读者，应该都知道网页图标（favicon，也被称为网站图标）。

在智能手机中网页图标是显示在搜索引擎结果的左端的标记。在 PC 的浏览器中，则会显示在 Web 网站的左上方，也就是所谓 Web 网站上的商标。那些致力于 Web 商务的企业，它们的网页图标设计得非常出色。建议读者借此机会重新查看自己的企业和感兴趣的企业的网页图标。

网页图标的示例（首页或者官方网站）

- **网络企业 / 电子商务商城**：使用易于理解的单字母商标。

  例如，**谷歌 G**、**亚马逊 a**、**乐天市场 R**、Yahoo! **Y!**、Mercari 📦。
- **手机**：与店铺的招牌一样。

  例如，**au** *au*、**软银 ☰**、**NTT DOCOMO** 📱。
- **IT 供应商**：使用形象图或文字。

  例如，**IBM** 🔵、**富士通 ∞**、**NEC** ᴺᴱᶜ、**SAP** 🟦。
- **航空公司**：为了忠于真实的商标，图标设计得很大，因为如果设计得太小就无法看清楚。

  例如，**ANA** ✈、**JAL** 🟥。
- **流通行业**：根据对互联网业务的重视程度不同，商标识别度也有所不同。

  例如，**优衣库 UNIQLO**、**宜得利 ニトリ**、**永旺 AEON**、**三越伊势丹** ⅲ。
- **其他**：参考。

  例如，**价格 .com 価格.com**、**微软 ⊞**、**三得利 S**。

上述示例为作者撰写本书时每家企业使用的网页图标。可以看到专门用于网页图标的企业更加醒目。读者可以使用智能手机和 PC 等屏幕大小不同的终端进行查看。

Web 系统的开发原则——

能用则用，物尽其用

» **Web应用后端的构成元素**

后端数据库示例

前面已经讲解过，Web应用是由Web服务器、应用服务器、数据库服务器的功能组成的。平时人们经常看到的是为了将数据库服务器设置在网络的安全位置，而选择Web服务器/应用服务器和数据库服务器其中两台服务器协同的架构，或者是每种服务器各选一台共三台服务器组成的架构。

如果Web服务器上安装的是Linux，那么数据库也会经常使用OSS。在数据库软件中，一定会被提及的就是 MySQL。MySQL是一种公认的被称为 LAMP（Linux、Apache、MySQL、PHP首字母的缩写）的**Web应用的后端中不可或缺的具有代表性的软件之一**（图8-1）。MySQL之所以受到用户的喜爱，是因为**它除了可以免费使用外，还可以在Linux、Windows、MacOS等不同的操作系统中使用，并且它提供了很多好用的工具**。3-9节～3-12节中对如何创建服务器进行了讲解。实际上，在安装了Linux和Apache之后，还需要安装PHP和MySQL。

MySQL具有代表性的工具

在使用MySQL时，为了能够通过浏览器进行初始设置和创建各种表，通常需要结合phpMyAdmin和MySQL Workbench使用（图8-2）。

MySQL的应用非常广泛，即使在WordPress的后端也运行了MySQL。如果是租用ISP的服务器，在使用WordPress时只需提交使用申请，供应商就会为用户设置PHP和MySQL。如果用户自己在云环境中进行设置，就需要分别安装这些软件。

图8-1　LAMP的概述

Linux　包括RHEL（Red Hat Enterprise Linux）、CentOS、Ubuntu、SLES（SUSE Linux Enterprise Server）等种类

Apache
- OSS的Web服务器的代表
- 还有Nginx等

MySQL
- Web应用中OSS数据库的代表
- 还有PostgreSQL、MariaDB等

PHP
- 服务器端脚本语言的代表
- 有很多框架，即便是大中型系统也在使用

- CentOS经常被当作RHEL的免费版本使用。如果重视安全性，则选择RHEL更好
- Ubuntu应用丰富，因此常用于娱乐和教育相关行业
- 近年来SUSE的使用正在增加，包括强调安全性的付费版SLES和OSS的OpenSUSE
- 如上所述，虽然Linux经销商（※）不同系统也会有差异，但是经销商会同提供操作系统和必要的应用软件

- 如果是基本的Web应用，就可以使用LAMP尽早构建
※为了让企业、团体、个人能够使用Linux，同时提供操作系统和应用软件的企业或团体

图8-2　与MySQL相关的软件

- 可以在MySQL Workbench中对数据库进行设计、开发、管理
- 提供本图所示的ER模型的创建、服务器设置、用户管理、备份等各种专业功能的官方工具

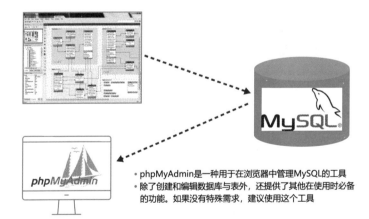

- phpMyAdmin是一种用于在浏览器中管理MySQL的工具
- 除了创建和编辑数据库与表外，还提供了其他在使用时必备的功能。如果没有特殊需求，建议使用这个工具

知识点

✓ 在Web应用的后端中不可或缺的软件被称为LAMP。

✓ MySQL是目前OSS数据库的行业标准。

Web应用使用免费软件

通过免费软件可完成基本功能

在搭建Web服务器时，操作系统通常会选择Linux，Web服务器功能则会选择Apache或Nginx等，无论是哪种情况，越来越多的企业正在使用OSS。当然，也有一些使用Windows Server等收费软件提供Web服务的企业。

WordPress包括免费版本和收费版本，基本功能可以通过免费版本实现。并且，由于它们后端的LAMP也是OSS，因此**即使软件是免费的也可以实现多种多样的Web应用**。

例如，若是使用OSS创建网店，则可以使用如图8-3所示的软件。

操作环境和版本升级问题

在OSS中，市面上那些被众多用户使用和市场占有率较高的OSS，对其进行开发的组织和企业也是非常可靠的。但是，**由于需要频繁地进行版本升级和更新，因此在管理和运行软件时需要注意**。

虽然使用最新版本能够提高性能、稳定性、安全性，但是对于一个软件，另一个软件的最新版的操作环境可能无法保障其运行，因此需要注意更新的时机。

特别需要注意那些比LAMP更靠近用户的软件。

例如，虽然更新了PHP的版本，但是由于某些应用程序不提供支持，因此就无法保证其能正常运行（图8-4）。

也就是说，并非最新版本发行后，进行更新即可。不过虽然如此，在运行系统时，有一些更新是必要的，因此需要经常进行确认。这对于在应用程序的基本功能中添加其他功能的插件也是同样的道理。

图 8-3 使用OSS创建网店的示例

- 如果想要以较为简单的方式开一家网店，那么上面的软件结构就是一个参考示例
- WelCart e-Commerce是一种与WordPress高度兼容的插件软件
- 中小型的独立Web网站实际大多采用这种结构
- 用户浏览的是WordPress的窗口
- 在使用软件时，需要查看免费许可证的概念和收费情况
- 在安装WordPress时，有时也会一起安装PHP

图 8-4 不同运行环境（建议的环境）的示例

- WordPress的托管环境（运行环境）
- PHP 7.4及以上版本
- MySQL 5.6及以上版本，或者Maria DB 10.1及以上版本

  ※此时WordPress 5.6是最新版本

引自WordPress的必要条件页面（截至2021年2月）

- WelCart e-Commerce的运行环境（建议的环境）
- WordPress 5.0及以上版本
- PHP 5.6 ~ PHP 7.3版本
- 数据库需要MySQL 5.5及以上版本

引自WelCart的手册页面（截至2021年2月）

- WordPress与WelCart对PHP和MySQL的支持版本不同
- 随着时间的推移，每个软件都有版本升级，因此运行环境随时会发生变化
- 在上述示例中，PHP是只要能够使用较低版本运行就使用较低版本运行

知识点

⊘ 可以灵活运用以Linux为代表的各种免费软件，来实现多种多样的Web 应用。

⊘ 虽然最好是使用最新版本，但是由于需要确保各个软件都能正常运行，因 此有时也会使用旧的版本。

» 应用程序的设计理念

Web应用中设计思路的模型

在应用程序开发中，设计是一个必不可少的步骤。Web应用的设计方法有很多种，MVC模型就是其中具有代表性的一个例子。

MVC模型是一种将应用程序**分为模型（model）、视图（view）、控制器（controller）三层进行处理和开发的方法**。具有可以分开进行处理和利于后期进行添加和修改的优势。每个分层的作用如下（图8-5）。

- **模型**：负责接收来自控制器的命令，并负责在数据库和相关文件之间传递和处理数据。
- **视图**：负责接收处理结果并进行绘图显示。
- **控制器**：负责对接收浏览器的请求和返回响应的过程进行控制。

这三个分层在应用程序中相互协作，同时在物理上独立处理。

三层结构的定位

在第1章已经讲解过Web应用是由Web服务器、应用服务器、数据库服务器组成的。这种分层结构的概念被称为三层结构或三层架构。

由于MVC模型是服务器端的一种设计方法，因此这三层结构会包含在应用服务器的功能中（图8-6）。

即使在实际的Web应用开发中，大多数情况下也会根据MVC模型划分开发角色和制定体制。

图8-5　　　　　　　　　　**MVC模型的概述**

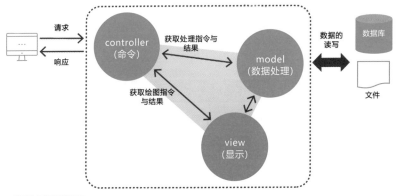

- 分别在服务器端处理
- 例如，使用PHP和HTML进行编写时，会分为控制器PHP、模型PHP、视图HTML和PHP等
- 因框架的特性，MVC可能会有MVP（P为presenter首字母）、MVW（W为whatever首字母）等不同的称呼和概念

图8-6　　　　　　　　　　**MVC模型在三层结构中的定位**

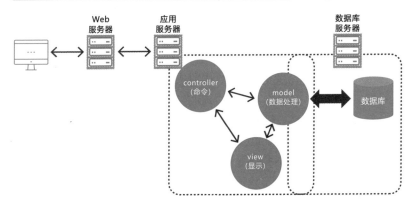

MVC模型基本位于应用服务器中

知识点

✎MVC模型是一个Web应用中设计理念的示例。

✎MVC模型由模型、视图、控制器三种角色组成。可以根据这个模型进行实际的应用程序开发。

第**8**章

Web系统的开发原则——能用则用，物尽其用

173

开发框架

框架的优点与缺点

在开发Web系统的过程中，由于是以客户端使用浏览器为前提，因此，正如在2-10节中所讲解的，如果使用HTML和CSS开发，那么就需要使用JavaScript或TypeScript、PHP或JSP、ASP.NET、Ruby或Python等技术。

在开发应用程序的过程中，如果是Windows系统，则需要像.NET Framework那样**使用框架**。框架是一种将通用或共通的处理流程整合为模板，以实现快速创建优质程序的机制。尤其是在多人共同开发的场合，使用框架在开发效率和质量控制方面发挥了显著的作用（图8-7）。框架的缺点就是需要花费时间和精力进行学习。正如在图2-19中介绍的，Web系统有专用的框架。

根据编程语言选择框架

例如，若使用JavaScript开发程序，就需要使用React、Vue.js、jQuery等编程语言。如果使用TypeScript开发程序，则需要使用Angular等框架。开发时需要根据项目采用的基本编程语言来选择合适的框架。每种框架在用户管理、认证、页面显示等处理方面都独具特色。因此，通常情况下**应当根据想要实现的功能和参考现有Web系统模型中使用的框架等信息来选择框架**。

在图8-8中，根据不同的编程语言，对近年来Web系统中使用的编程语言、框架、执行环境的扩展等内容进行了汇总。虽然编程语言和框架的使用趋势，以及工程师们的喜好和评价会以几年为周期发生变化，但是现在希望读者记住这张图表。

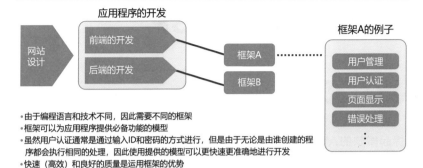

图8-7 使用框架的优势（前端的示例）

应用程序的开发

网站设计 → 前端的开发 → 框架A
后端的开发 → 框架B

框架A的例子

用户管理
用户认证
页面显示
错误处理
⋮

- 由于编程语言和技术不同，因此需要不同的框架
- 框架可以为应用程序提供必备功能的模型
- 虽然用户认证通常是通过输入ID和密码的方式进行，但是由于无论是由谁创建的程序都会执行相同的处理，因此使用提供的模型可以更快速更准确地进行开发
- 快速（高效）和良好的质量是运用框架的优势

图8-8 编程语言与开发框架的示例

编程语言	框架名称
JavaScript	React（Facebook、Twitter）、Vue.js（LINE、Apple）、jQuery、Node.js[※]
TypeScript	Angular（谷歌、微软）、React、Vue.js、Node.js[※]
Perl	Catalyst
PHP	CakePHP
JSP	SeeSea、Struts
Python	Django（Instagram）
Ruby	RubyonRails（CookPad）
CSS	Bootstrap、Sass[※]

- 括号中的内容指使用框架的著名的网站和社交媒体。与其说是带 ※ 的部分是框架，不如说是一种开发环境
- 除此之外，还有使用源代码管理服务的GitHub，以及使用云服务供应商的PaaS服务的例子
- 根据需要实现的功能选择合适的框架后，就可以自然而然地确定需要使用的语言

知识点

🖉 需要多人共同开发的Web系统通常会使用框架。

🖉 由于开发也受趋势影响，因此建议读者定期基于基础编程语言从框架和执行环境的扩展等方面对框架进行整理。

» ASP.NET与JSP

ASP.NET的概述

在8-4节，对近年来比较热门的框架进行了讲解。说到框架，那就不得不提起微软的 ASP.NET 了。此外，与 ASP.NET 同样被较大型的 Web 系统所使用的 JSP 也比较著名。在本节，将对它们进行讲解，以供读者参考。

ASP.NET 是一种专门用于 Web 应用开发的框架，它由**可以在屏幕上创建的 Web Form（如 VB 和 C#）**、MVC 模型的 MVC、WebPages、WebAPI 等工具组成（图8-9）。它与 PHP 等脚本语言不同，不仅可以通过使用编译型语言进行编程实现细致地处理，而且因极快的处理速度**非常适合用于需要处理大量请求的 Web 服务**。虽然以前仅限于在 Windows 环境中使用，但是现在由于这种框架还提供与被称为 Core 的平台相关的功能，因此与其他框架和 Linux 环境的协作也成为了可能。

JSP的使用示例

虽然 JSP 是**使用 Java 创建**的，但是 Java Servlet 和 JSP 是配套使用的。Servlet 会根据请求执行相应的处理，而 JSP 则会将结果显示在页面中。这种框架也适合用于需要细致的处理的场合。

一个具体的使用示例就是，当访问和登录信用卡公司、网上银行和证券等 Web 网站时，可以短暂地在 URL 中看到 .jsp 的后缀名字符串。也可以在图 8-10 中所示的复杂的页面转换中看到这种框架，也适合用于处理同时来自大量用户的请求。

虽然 ASP.NET 和 JSP 都是被大型系统采用的框架，但是近年来情况正在发生变化。

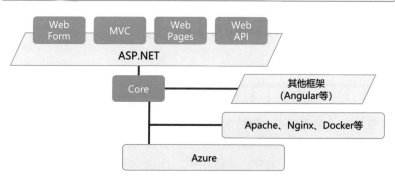

图8-9 **ASP.NET与主要工具的概述**

ASP.NET是最大的Web应用程序框架，需要的工具和功能应有尽有

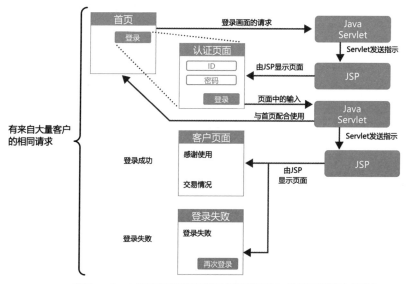

图8-10 **Java Servlet与JSP的示例**

使用Java Servlet和JSP可以快速处理动作复杂的页面，并且可以处理大量请求

知识点

- ASP.NET需要使用VB和C#等编程语言进行开发，JSP则需要使用Java等编译型语言进行开发。
- ASP.NET和JSP通常用于那些需要高速处理大量用户请求的系统。

第**8**章

Web系统的开发原则——能用则用，物尽其用

177

前端与后端的边界

浏览器端与服务器端

在Web应用开发中，根据客户需求负责Web网站浏览器的外观和行为的机制被称为前端。而参与Web网站的服务器端数据库及其他处理和运用的机制则被称为后端。此外，两者也可以分别指代具有相应专业知识的工程师。在物理层面则可以分为浏览器端和服务器端。指代工程师时所需具备的知识也不同；前端需要具备HTML、CSS、JavaScript等知识；后端则需要具备PHP、数据库、JSP和ASP.NET等知识（图8-11上半部分）。

虽然原本是以服务器端为中心进行处理的，但是随着终端和浏览器性能的提升，逐渐转变成在浏览器中执行大量处理。因此，开发风格也逐渐转变为使用8-5节中介绍的框架，**尽量在前端处理请求的方式**（图8-11下半部分）。从后端接收HTML的机制则转变成了在前端创建HTML的机制。

扩展功能改变边界

如果要更进一步进行说明，则可以对CSS的功能进行扩展的Sass和SCSS（图8-12上半部分）等技术值得进行分析。

此外，如果使用**Node.js**，就可以将它作为运行JavaScript环境的平台，那么也可以使用JavaScript读写文件（图8-12下半部分）。Node.js可以帮助开发人员使用JavaScript实现在服务器端进行开发，在使用Type-Script时也可以发挥一定的作用。虽然TypeScript具有可以在浏览器端和服务器端的两端运行的特征，但是需要准备类似Node.js的JavaScript的运行环境。

由于存在这种扩展功能，因此前端和后端的边界正在发生变化也是目前的现状。

图8-11 前端与后端的概述和开发风格的变化

前端   后端

浏览器
- 负责浏览器中的外观和行为的机制
- 具有浏览器专业知识的工程师

工程师所需的技能：
HTML、CSS、JavaScript

数据库服务器
Web服务器   应用服务器   外部连接
- 参与服务器端处理和运用的机制
- 具有服务器端专业知识的工程师

工程师所需的技能：
PHP、数据库、JSP、ASP.NET

开发风格的变化

例如，JavaScript不仅可以进行输入检查等简单的页面处理，还可以进行包含控制通信处理在内的商业交易等商业逻辑的处理

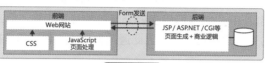

前端   Web网站   Form发送   后端

CSS   JavaScript页面处理   JSP / ASP.NET /CGI等 页面生成 + 商业逻辑

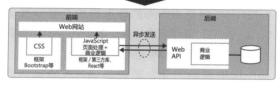

前端   Web网站   后端

CSS 框架 Bootstrap等   JavaScript页面处理 + 商业逻辑 框架 / 第三方库、React等   异步发送   Web API   商业逻辑

图8-12 Sass、Node.js的优势

【Sass的优势】

CSS的使用方法   在Sass中使用CSS

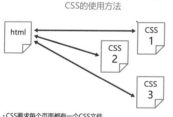

html   CSS 1 / CSS 2 / CSS 3

- CSS要求每个页面都有一个CSS文件
- 调用多少页面就会给服务器增加多少负载

html   CSS   使用Sass编译   SCSS 1 / SCSS 2 / SCSS 3

- 在Sass中，可以将编写方式接近CSS的SCSS编译到一个CSS文件中
- 虽然编译需要时间，但是如果是上述示例，只需要调用一次即可减轻服务器的负担
- 类似Sass的编程语言也被称为样式表语言，编写方式与CSS基本相同
- 需要一个用于编译的Ruby程序

【Node.js的优势】

JavaScript   JavaScript   Node.js

- 如果有Node.js，它就可以变成一个器皿，JavaScript就可以在服务器端使用（可执行）
- 对于那些擅长JavaScript但不擅长PHP的工程师来说它是很难得的技术

知识点

🖉 主要负责浏览器端处理的机制和工程师被称为前端，负责服务器端处理的机制和工程师则被称为后端。

🖉 在前端运行处理请求逐渐成为一种开发趋势。

» Web系统中使用的数据格式

XML的使用方法

可扩展置标语言（extensible markup language，XML）可以在各种系统中使用。HTML是专门用于Web系统的标记语言，而XML由于可以根据开发者的目的进行自定义，因此通用性较高，**常被用于在各种系统之间传递数据**。

XML和HTML都是由Web的标准机构万维网联盟（World Wide Web Consortium，W3C）进行标准化的。关于HTML的内容已经在2-3节中进行了讲解，因此，这里只对XML进行举例说明。

在图8-13中展示的是，如何从GPS传感器传递XML格式的数据。name和lon等数据项名称由开发者定义。只要知道是GPS，就会知道lon是指Longitude（经度），lat是指Latitude（纬度）。

JSON的使用方法

与XML一样，经常用于传递数据的还有JSON（JavaScript object notation，JavaScript对象标记法）。

JSON是一种介于CSV（comma separated values）和XML之间的数据格式。由于它是为了与JavaScript相关的其他编程语言进行数据交换而设计的数据格式，因此常用于需要使用JavaScript的Web API的数据传递中。此外，**前端和后端的数据传递不是通过HTML实现的，并且在只需传递数据即可完成处理时也会用到它**（图8-14上半部分）。

此外，若将图8-13中的GPS数据用JSON和CSV表示，就会变成图8-14下半部分的内容。虽然JSON的数据量少，代码简单，但是在人们的眼中XML会更加容易理解。根据协作的系统和传递的数据的特征可以区分使用XML和JSON，现在Web系统的主流是JSON。

图8-13 ·········· **XML的示例** ·····························

```
<?xml version="1.0" encoding="UTR-B"?>
<name>GPS-0010 DataLog 2020-12-31</name>
<kptlon="139.7454316"lat="35.6685840">
 <time>14.01:59</time>
</kpt>
<kptlon="139.7450316"lat="35.6759323">
 <time>14:06:59</time>
</kpt>
...
```

- XML通常用于在系统之间传递数据
- 还有使用XML的编写方式对被称为XHTML（extensible hyper text markup language，可扩展超文本标记语言）的HTML进行重新定义的标记语言

图8-14 ·········· **JSON与CSV的示例** ·····················

使用JSON传递数据的示例

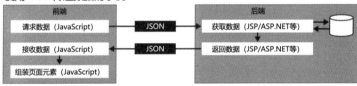

- JSON是目前在Web系统中传递数据的主流
- 将前端和后端分开
  以JSON格式交换数据的情形也越来越多

JSON的示例
JSON是介于XML和CSV之间的格式，包含项目名

```
[
  {"name":"0010","date":"20201231", lon":"139.7454316",
lat":"35.658540","time":"14:01:59}
  {"name":"0010","date":"20201231", lon":"139.7450316",
lat":"35.6759323","time":"14:06:59}
]
```

CSV的示例
虽然数据量少，但是不知道数据的含义是什么

```
"0010","20201231","139.7454316","36.6585840","14:01:59"
"0010","20201231","139.7450316","35.6759323","14:05:59"
```

知识点

✎ 在系统之间传递数据时需要使用XML或JSON。

✎ JSON也越来越多地被用于前端和后端的数据传递。

» 剥离服务器的功能

协同使用服务器和系统

如在8-7节中所讲解的，浏览器与终端的功能和技术的发展减少了服务器端的处理。另外一种减少服务器端处理的方法是Mashup（糅合）。

Mashup是一种**在客户端执行处理并将多个Web服务（Web系统）组合为整体的技术**。如果使用Mashup，就无须使用服务或系统处理所有的事情。这也是一种将已经使用的服务结合在一起使用的思路（图8-15）。这样一来，就不是使用自己的服务器完成所有的处理，而是将处理分担给其他服务器和客户端。但是，从图8-15中的示例来看，要完成处理在很大程度上需要依赖于通过Web API提供地图信息的供应商，这点需要注意。

边缘计算

除了Mashup有助于**减轻服务器端的处理负担**外，另外一种被称为边缘计算的在用户附近**设置一部分服务器的功能和应用程序的措施**也在进行中（图8-16）。

从客户端的角度看，Mashup是一种高效利用多个服务器、服务、系统的做法。而边缘计算采用的则是能够用附近的设备就近提供最近端服务的就近原则。

由于Mashup和边缘计算不仅可以减少系统的负载，同时还可以提高用户使用的便利性，因此有时可以将这种思维方式利用起来。

这样一来，就可能会产生出不同的思路。例如，将每种服务和系统的功能打包，在虚拟服务器之间自由移动的技术。相关内容将在8-11节进行讲解。

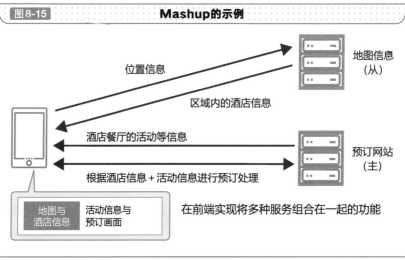

图8-15　Mashup的示例

位置信息

区域内的酒店信息

地图信息
（从）

酒店餐厅的活动等信息

根据酒店信息 + 活动信息进行预订处理

预订网站
（主）

地图与酒店信息　活动信息与预订画面

在前端实现将多种服务组合在一起的功能

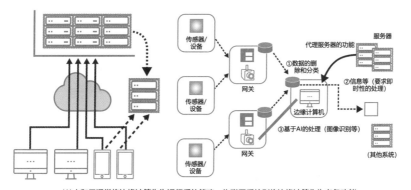

图8-16　边缘计算的概述

在边缘计算中，将服务器分散设置在用户附近，
以减少整个系统的负载

- Web和云通常将边缘计算作为运行后的策略。物联网系统则将边缘计算作为必备功能
- 最初是将边缘计算作为降低服务器负载的方法而设计的，现在已经逐渐成为与各种服务
  协作的方法（将边缘计算机作为集线器使用）

知识点

- Mashup 是一种在客户端将多个 Web 服务组合在一起运用的技术。
- 目前流行的做法是通过组合 Web 服务和移动功能的方式，减少服务器端
  的运算负担。

》 支付处理中外部连接方式

外部连接方式

　　Web系统不仅需要使用自己的应用程序，也经常会与其他企业的系统联合在一起使用。在本节，将以连接外部支付代理公司为例，对应用程序的外部连接方式进行讲解。

　　支付处理已经作为服务被提供，无须企业和个人自行开发系统。下面列举了三种主要的连接方式。

- 链接方式 < **CGI等** > （**图8-17上半部分**）。
  从商用网站链接支付公司的网站，在完成支付之后返回商用网站（商用网站不会存储卡片信息）。
- API（数据转发）方式 < **专用程序** > （**图8-17下半部分**）。
  商用网站准备一个支持SSL协议的用于接收卡片信息的页面，并通过支付代理公司服务器的API进行处理（存储卡片信息）。
- 令牌方式 < **脚本等** > （**图8-18**）。
  使用脚本对卡片信息进行加密并将信息传递给支付公司，然后再交换加密数据（虽然不会存储卡片信息，但是好像是存储了）。

　　人们需要从存储卡片信息的安全风险、用户的使用感受及便利性进行比较和衡量，再选择最优的方式。

实现目标的方法不止一种

　　虽然刚刚对支付处理的例子进行了讲解，但是这种处理是根据外部连接方式确定的。实际上，**在Web上可以使用很多种方法来实现，方法不是只有一种，因此，建议读者用灵活变通的思维方式来处理问题。**

图 8-17   链接方式与API方式的概述

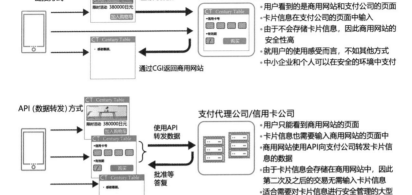

链接方式

通过CGI传递金额等数据

支付代理公司/信用卡公司

通过CGI返回商用网站

- 用户看到的是商用网站和支付公司的页面
- 卡片信息在支付公司的页面中输入
- 由于不会存储卡片信息，因此商用网站的安全性高
- 就用户的使用感受而言，不如其他方式
- 中小企业和个人可以在安全的环境中支付

API（数据转发）方式

使用API转发数据

支付代理公司/信用卡公司

批准等答复

- 用户只能看到商用网站的页面
- 卡片信息也需要输入商用网站的页面中
- 商用网站使用API向支付公司转发卡片信息的数据
- 由于卡片信息会存储在商用网站中，因此第二次及之后的交易无需输入卡片信息
- 适合需要对卡片信息进行安全管理的大型网站

图 8-18   令牌方式的概述

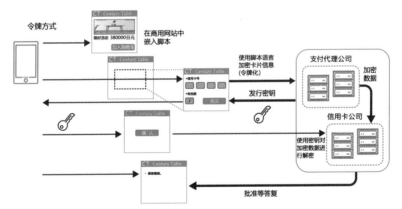

令牌方式

在商用网站中嵌入脚本

使用脚本语言加密卡片信息（令牌化）

支付代理公司

加密数据

发行密钥

信用卡公司

使用密钥对加密数据进行解密

批准等答复

- 用户看到的是商用网站和难以理解的支付代理公司的一部分页面
- 最好的外观（商用网站的一致性）及安全性（不存储卡片信息）
- 机制本身较为复杂

知识点

- 如果以支付处理为例对外部连接进行讲解，就存在链接、API、令牌等多种连接方式。
- 在Web系统中，探讨外部系统的使用和连接是很普遍的做法，因此应该考虑多种方法。

》 服务器的虚拟化技术

服务器虚拟化技术的主流

越来越多的Web系统可以在ISP和云服务供应商提供的虚拟服务器上实现。因此，在本节，将对服务器的虚拟化技术进行讲解。

迄今为止，在虚拟化领域处于领先地位的产品有VMWarev Sphere、Hypervisor、Hyper-V、Xen和Linux内嵌功能之一的KVM等，这些都属于基于hypervisor的虚拟化类型。

基于hypervisor的虚拟化**目前是虚拟化软件的主流**，它在物理服务器上运行，然后在其上面安装Linux或Windows等客户机操作系统。由客户机操作系统和应用程序组成的虚拟服务器可以在不受主机操作系统影响的情况下运行，因此可以高效运行多个虚拟服务器。虽然在基于hypervisor的虚拟化成为主流之前，还有一种基于宿主机OS的虚拟化类型，但是由于它容易出现处理速度下降的问题，因此目前只在一部分任务关键型系统中使用（图8-19）。

轻量级虚拟化平台

在虚拟化技术中，被认为将成为未来主流的是容器化技术。创建容器需要使用一种被称为**Docker**的软件。

在容器类型的结构中，客户机操作系统是通过共享主机操作系统内核功能达到轻量化目的的。由于容器中的客户机操作系统中只能包含最少且必要的库，因此CPU和内存的负载较少，可以实现高速处理。此外，应用程序的启动会更加顺畅，资源使用效率也更高。另外一个关键点是，**可以让虚拟服务器包变得更小更轻量**（图8-20）。如果在各台服务器中创建了容器环境，还可以**以容器为单位将系统迁移到其他的服务器中**。

图8-19 **hypervisor型与宿主机OS型**

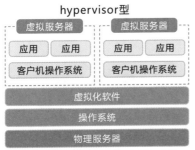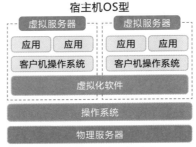

hypervisor型

- 由于操作系统和虚拟化软件几乎是合为一体的，因此可以提供完整的虚拟环境
- 发生故障时很难区分是虚拟化软件的问题还是操作系统的问题
- 在新系统中很常见

宿主机OS型

- 当虚拟服务器访问物理服务器时，需要通过主机操作系统，因此容易出现执行速度下降的问题
- 发生故障时比hypervisor型更容易区分问题所在
- 在传统的任务关键型系统中拥有极高的人气

图8-20 **容器型与以容器为单位进行移动**

容器类型

- 虚拟化软件 (Docker) 将一个操作系统分成多个被称为容器的供用户使用的盒子
- 每个盒子可以独立使用物理服务器的资源
- 容器的主机操作系统可以共享主机操作系统的系统内核

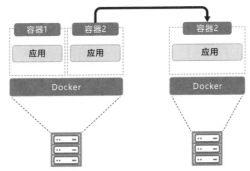

- 如果有Docker环境，可以比较顺利地迁移系统
- 可以以应用程序为单位迁移系统，因此容易管理
- 经验丰富的人可以做到用一个应用一个容器的方式创建系统，不过现实中大多是使用一个容器多个应用创建

知识点

✍ 在服务器的虚拟化技术中，hypervisor类型是应用较多的一类。

✍ 未来的主流是容器型，它具有可以对虚拟服务器进行轻量化处理，以及能够以容器为单位进行迁移的特征。

» Web系统的新应用

Web系统与容器

由于Web应用和Web系统中使用了很多框架，因此逐渐形成了从用户认证开始的标准化模式。

如果使用8-10节中讲解的容器的机制，**就可以为每个服务和系统的功能创建一个容器，并分别设置相应的虚拟服务器**。以Web系统为例，需要为认证、数据库、数据分析、数据显示等服务创建容器。由于每个服务和应用程序都需要使用OSS，因此需要频繁地进行版本升级和更新操作。但是如果事先创建好单独的虚拟服务器，就可以在不影响其他服务器的情况下顺利地进行更新。

容器编排

如果每个服务的容器都提供了Docker和网络的环境，**那就没有必要将容器都安装在同一物理服务器上**。但是，需要使用容器编排对一系列的服务进行管理，并对服务的执行顺序等不同服务之间存在的容器的关系进行管理（图8-21）。具有代表性的OSS是Kubernetes。如果使用类似Kubernetes的软件，那么容器无论安装在哪里都是可以的，因此可以将容器安装在擅长进行大量数据分析的高性能的服务器和专门用于认证的普及版本的服务器中，甚至可以跨越云供应商和ISP（图8-22）。

如果能够对目标Web系统将来的样子和最终形式进行映像，就可以对安装了服务和应用程序及系统的虚拟服务器与物理服务器之间的关系进行定义。因此，建议读者将容器和容器编排作为一个备用选项来看。

容器的实现示例

在实际的应用程序示例中，即使应用程序是安装在不同的服务器上的，用户仍然希望可以按照认证→DB→分析→显示的顺序进行操作

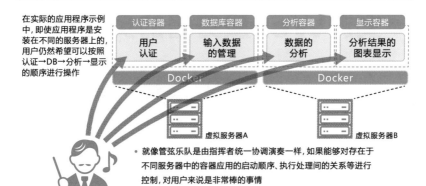

认证容器	数据库容器	分析容器	显示容器
用户认证	输入数据的管理	数据的分析	分析结果的图表显示

Docker　　　　　　　　Docker

虚拟服务器A　　　　　　虚拟服务器B

- 就像管弦乐队是由指挥者统一协调演奏一样，如果能够对存在于不同服务器中的容器应用的启动顺序、执行处理间的关系等进行控制，对用户来说是非常棒的事情
- 这种运用机制被称为容器编排

图8-22 **Kubernetes的功能概述**

- Kubernetes负责对不同容器的关系和进行处理的顺序进行控制
- 虽然物理服务器是一样的，但是虚拟服务器和容器可以在更良好的环境中运行

容器可以根据服务器的性能、负载以及用户的使用状态灵活地对虚拟服务器的设置进行变更

小知识
- Kubernetes也经常被写成k8s
- 即k + 8个字母 (ubernete) + 结尾的s

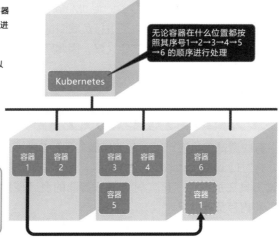

无论容器在什么位置都按照其序号1→2→3→4→5→6 的顺序进行处理

Kubernetes

容器1　容器2　　容器3　容器4　　容器6

容器5　　容器1

知识点

∥可以为每种服务和系统的功能创建容器，也可以将容器放到其他的物理服务器中。

∥除了可以将多个虚拟服务器放置在同一物理服务器上之外，还有将它们放在不同物理服务器中的方法。

» 实测Web服务器的负载

负载测试工具

在本节，将对Web服务器中通过实测值估计性能的示例进行讲解。近年来的一个趋势是，Web系统的规模越大，在测试环境中事先进行实测的同时推进开发的情况就越多。云环境开发的增加，不仅促进了开发环境和生产环境紧密相连，也为用户提供了较好的体验。

在进行实测时，将使用测试服务器负载的工具和显示CPU和内存使用情况的工具来制定条件。在本节，将对免费的负载测试工具的使用示例进行介绍。

图8-23中展示的示例是Apache JMeter窗口，在其中设置了同时访问数、访问间隔、循环次数，以便进行负载测试。如果是大众熟知的工具，由于负载测试的基本项目已经被定义好，因此只需要确定预估的最大访问数就可以进行测试了。

监控CPU与内存的使用情况

有些测试工具还可以一起监控服务器的CPU和内存的使用情况。接下来，将对Linux的dstat命令进行介绍。一个具有代表性的使用示例是，负载测试工具在加载时，可实时查看服务器的资源使用情况。图8-24展示了CPU和内存负载情况。

当尝试在实际的Web网站中进行负载测试，就会发现在浏览首页和其他固定页面时，几乎不会增加服务器的负载。但是，在搜索、浏览和订购商品时，使用数据库的次数越多负载就越高。因此，**需要事先预想这些场景，再来探讨测试计划和预估性能**。

图 8-23　　　　　　　　　负载测试（测量）工具中的设置

Apache JMeter的设置

- Number of Threads（users）表示同时访问数
- Ramp-up period（seconds）表示访问间隔
- Loop Count表示循环次数在这里，将它们分别设置为20、1、100

虽然可以使用Windows PC进行测试，但是除了Apache JMeter外，还需要安装Java

图 8-24　　　　　　　　　监控CPU与内存使用情况的示例

dstat执行界面的示例

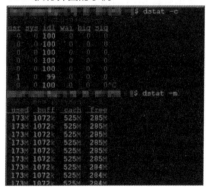

- dstat是一种显示CPU和内存负载的命令。需要使用sudo yum install dstat等命令进行安装
- 可以分别显示使用率和使用量，例如，使用dstat −c显示CPU，使用dstat −m 显示内存。可以显示为一串很长的数据，也可以显示为列表
- 用于在负载测试工具运行时进行监控

※虽然在第6章的"开始实践吧"中查看了在运行数据库时客户端的负载情况，但是在实际工作中，从服务器、数据库、客户端的角度实测负载非常重要

知识点

⁄⁄ 需要使用专门用于测试服务器负载的工具来实测负载。
⁄⁄ 需要考虑可以在测试负载的同时查看CPU和内存使用情况的方法。

第 8 章

Web 系统的开发原则——能用则用，物尽其用

虚拟服务器的性能评估

性能评估的方法

　　服务器的性能评估对于包括Web在内的各种系统来说至关重要。因此，在本节，将以基本的业务系统为例对性能评估进行讲解。

　　这里将主要结合以下三点来对服务器的性能进行评估（图8-25）。

- **叠加计算**

　　根据用户请求，对所需的CPU性能等参数进行叠加计算。
- **案例和制造商推荐**

　　参考同类案例或软件制造商推荐的方案进行判断。
- **通过工具进行检验和实测的方式评估**

　　可通过工具对负载和使用情况进行测量，并根据实测值进行计算。有时也可使用8-12节中提到的专用软件进行测量。

虚拟服务器性能评估

　　如图8-10所示，将以虚拟环境为前提的业务系统的服务器的评估作为示例，在一个服务器上部署6组软件（包括操作系统）和5套虚拟客户端。根据过去案例和软件制造商建议，服务器将VMWare的**CPU核心数和内存**定为4核和8GB。客户端则将2核和4GB作为标准值。将这些数值进行计算并对备份进行调整，则可以计算出需要使用43核和85GB以上的服务器。

　　由此可见，性能评估基本上需要基于标准值进行计算。如果是本地部署的场合，为了避免购买后再修改系统架构的情况，通常会在标准值上预估一些余量。而云服务的场合，则可以在使用的过程中根据实际需要随时进行调整。

图 8-25 服务器性能评估的方法

案例

制造商建议

负载测试

工具

通过纸面
评估累计

参考同类案例和
通过制造商建议

安装工具
测试性能和负载

图 8-26 业务系统中虚拟服务器性能评估的示例

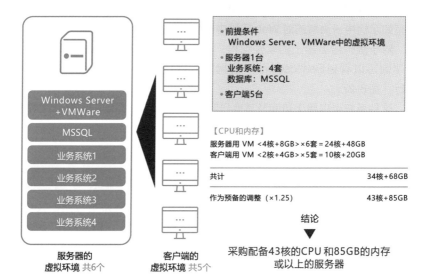

Windows Server
+VMWare

MSSQL

业务系统1

业务系统2

业务系统3

业务系统4

服务器的
虚拟环境 共6个

客户端的
虚拟环境 共5个

- 前提条件
  Windows Server、VMWare中的虚拟环境

- 服务器1台
  业务系统：4套
  数据库：MSSQL

- 客户端5台

【CPU和内存】

服务器用 VM <4核+8GB>×6套 = 24核+48GB
客户端用 VM <2核+4GB>×5套 = 10核+20GB

共计	34核+68GB
作为预备的调整（×1.25）	43核+85GB

结论

采购配备43核的CPU和85GB的内存
或以上的服务器

知识点

✐ 服务器的性能评估包括纸面计算、案例和制造商建议、使用工具进行检验
和实测等方法。

✐ 虚拟服务器的性能评估需要根据CPU的核心数和内存的标准值通过叠加
方式计算得出。

≫ 数据分析系统的结构示例

数据和日志的分析

Web系统中包含应用程序收集的数据、系统访问日志等不同种类的大量的数据。将在9-4节中讲解的数据分析在系统和业务两方面都非常重要。在本节，将以使用OSS分析和显示数据的系统为例进行讲解。

应用程序的数据和系统访问日志都保存在数据库和操作系统的Log文档中。如图8-27所示，存储的数据需要使用全文搜索应用Elasticsearch进行分析，再使用专门用于显示结果的Kibana将结果显示出来。希望读者知道有如示例中所讲解的**对Web环境中的大量数据进行分析和显示的机制**。

对于虚拟服务器上的软件结构，用户能够看到的是Kibana的窗口。而后端则可以看到Elasticsearch、应用服务器功能、MongoSQL、Apache在运行（图8-27）。

这种系统可以用于访问及其他日志分析，并且经常用于能够随时从很多设备随时上传定型数据的物联网系统。

灵活运用容器的结构

上面讲解的是虚拟服务器的结构，接下来将讲解如果应用8-10节和8-11节中讲解的容器技术，结构会发生什么样的变化。示例如图8-28所示。

在使用容器时，需要使用Docker和Kubernetes等虚拟容器类型虚拟化平台。如果要将容器迁移到最佳的服务器，那么**还需要更改获取日志的方式**。

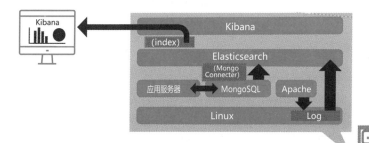

图8-27　虚拟服务器中日志分析系统的结构

- Elasticsearch是一个全文搜索应用，如果要支持日文就需要使用Kuromoji等
- 全文搜索是以字符串为关键字，搜索多个文档并找到目标数据的功能，是搜索引擎的原始机制
- 通过授予Elasticsearch对存储MongoSQL和Linux的访问日志的Log文件夹的访问权限（ReadOnly）的方式，通过Elasticsearch访问每个数据库和文件夹来读取和分析数据
- 分析的结果作为一个index文件汇总在一起（哪个文件的哪个位置包含了什么样的内容的索引）
- Kibana将这个index的信息显示为图表

图8-28　使用容器的结构示例

容器中的结构

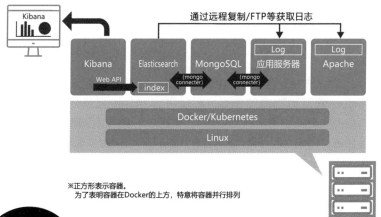

※正方形表示容器。
为了表明容器在Docker的上方，特意将容器并行排列

知识点

　✎ 在Web环境中使用OSS分析数据和显示结果时，有典型的结构示例可以参考。

　✎ 虽然虚拟服务器上的Web系统可以使用容器，但是数据的获取方式需要根据容器作出相应的更改。

开 始 实 践 吧

挑选要容器化的服务

在第8章对容器相关的技术进行了详细地讲解。容器是引领当前云服务的技术之一。接下来，将在这里练习如何将现有的Web系统容器化。

精通容器技术的大多数人都会选择"一个服务（应用）/一个容器"的方式实现。接下来，将以此为基准进行尝试。

下面考虑在以下场合中，应当如何进行容器化处理。当然，答案会有很多种。

案例：需要在Web上显示销售额列表，结构由以下三种功能组成。
- 使用OSS1显示的服务。
- 使用OSS2对用于显示的数据进行分析的服务。
- 使用OSS3对目标数据进行管理的服务。

示例方法

方法1

基于结合小的服务实现整体服务的想法，以及即使更换某个容器内的部件也不会影响其他容器的思路，可以将容器分为显示分析结果的服务（OSS1启动＋分析结果的显示处理）、数据分析服务（OSS2启动＋数据分析处理）等。例如，当可能要从OSS1切换到OSS4时，就可以在不影响其他容器的情况下进行修正。

方法2

如果从数据的流向看上面这个案例，就会发现实际上这处理的是相同的数据。因此，可以将它看成是处理同一个数据的一个服务，并将这个服务打包到一个容器中。

这里讲解了一个按服务划分的示例和一个按需要处理的数据进行划分的示例。由此可见，划分的方法会根据划分的目的和方式有所不同。

安全措施——

Web特有安全措施与系统通用措施

>> # 应对威胁的安全措施

非法访问措施

信息系统包括Web系统，都会面临的主要安全威胁是非法访问。而相应的应对措施基本上已经形成了标准化的模式。

如果Web网站和系统遭受来自外部的非法访问，就可能存在数据泄露、用户被冒充，以及危及实际业务内容等风险。为了避免这类危害的发生，就需要同时在系统外部和内部采取相应的措施来杜绝非法访问。提到Web，很多人可能马上会想到来自外部的攻击，其实云服务供应商对内部的非法访问也采取了相应的措施。图9-1展示了各系统通用的针对非法访问的措施。

Web系统的安全对策

需要使用互联网的服务所面临的情况更为复杂，它们不仅可能遭受来自外部和内部的非法访问，还会面临**各种攻击和入侵等安全威胁**（图9-2）。接下来，将对这些安全威胁进行整理，内容如下。

<恶意攻击>
- **发送垃圾邮件和可疑的邮件附件。**
- **通过发送大量数据的方式引发服务器故障。**
- **通过欺诈进行有针对性的攻击。**
- **利用操作系统漏洞进行攻击。**

每天有几万人访问的企业Web网站，其中至少有几成的访问是带有恶意的攻击。从9-2节开始，将对包括这些威胁在内的安全措施进行讲解。

图 9-1 非法访问的措施

安全威协	对策示例
来自外部的非法访问	● 防火墙 ● 缓冲区（DMZ） ● 服务器之间通信的加密
来自内部的非法访问	● 用户管理 ● 访问日志的确认 ● 设备操作的监控

图 9-2 **Web系统可能存在的安全威胁**

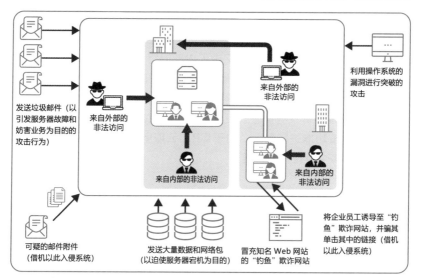

- 云服务提供商实施的安全防范措施范围广泛，能有效抵御上述恶意的有针对性的攻击
- 一部分大型企业也采取了相同级别的安全防范措施
- 近年来还有设置专门的网络安全中心的企业

第9章

安全措施——Web特有安全措施与系统通用措施

知识点

✎ 安全措施建立在可能的威胁基础上。

✎ 如果以互联网连接为前提，那么还需要针对恶意攻击采取相应的措施。

» 安全措施的物理结构

防火墙与缓冲区

安全措施可分为针对外部和内部的措施。无论是ISP和云服务供应商，还是企业和团体，尽管系统规模不一样，但是**物理结构大体是相同的**。为了便于理解，这里将对物理结构进行讲解。

如图9-3所示，前端设置了读者熟悉的负责互联网安全的防火墙，在防火墙与内部网络之间则设置了缓冲地带，英文全称为demilitarized zone，缩写为DMZ。防火墙是管理内部网络与外部网络之间的通信状态并保护通信安全的机制的总称。用户通过DMZ进入内部网络，但是在入口处设置了对访问负载进行分散的设备。用户在顺利通过这些设备后，就可以与后端的服务器进行连接了。

虽然目前的Web系统都必须设置防火墙和DMZ，但是根据系统规模的不同，可能会按功能进行划分。由于ISP和云服务供应商的系统规模较大，因此可以分为多个设备和服务器。

功能分区防御方法

人们基本的设计宗旨是让防火墙和DMZ能够阻止来自外部的非法访问。

图9-4是图9-3的侧视图。除了防火墙只允许进行正常的通信外，DMZ也会进行防御。这种**使用分层结构划分功能进行防御**的措施被称为多层防御。

防火墙不会阻止所有的通信，对于特定的发送者和接收者的IP地址和协议的访问会放行。例如，在3-8节中所讲解的特定协议和端口就会允许通行。

接下来，将对DMZ的机制进行讲解。

图 9-3 **安全措施的物理结构示意图**

数据中心的内部网络

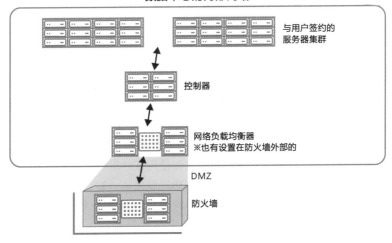

与用户签约的
服务器集群

控制器

网络负载均衡器
※也有设置在防火墙外部的

DMZ

防火墙

图 9-4　**防火墙与缓冲地带的作用**

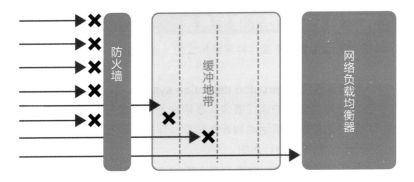

防火墙

缓冲地带

网络负载均衡器

- 对于特定的发送者和接收者的IP地址和协议，防火墙会放行
- 对于非法访问和带有恶意的攻击会被防火墙和缓冲地带阻止
- 按照事先制定的规则对允许访问的正常数据放行

知识点

⟍ 安全措施的物理结构由防火墙和位于其后的缓冲地带组成。

⟍ 使用分层结构划分功能的防御方式被称为多层防御。

» DMZ的防守方式

安全专用网络

位于防火墙和内部网络之间的缓冲区也被称为 DMZ。DMZ是一种**安全系统专用的网络**，有时也被称为DMZ网络。在物理结构上，需要在**入口处设置具有安全防范功能的服务器和网络设备**。如图9-5所示，最初，DMZ采用了不断增加安全功能专用硬件的方法和使用软件进行控制的方法。此外，可以按照每个功能划分硬件，也可以将功能整合在一起。后者被称为UTM（unified threat management，统一威胁管理）。如果是一般企业，大多数情况下使用一台UTM产品就可以了；如果是数据中心，则需要设置多台UTM。

用于检测和防止入侵的系统

DMZ前端通常是由下面几种系统构成的（图9-6）。

- **入侵检测系统（intrusion detection system，IDS）**
  正如日常生活中的监控摄像头是用来监测异常行为一样，这个系统将预料之外的通信活动判断为异常。作为一项安全防范措施，它是用来识别各种攻击行为的。
- **入侵防御系统（intrusion prevention system，IPS）**
  一种自动阻止作为异常被检测出来的通信的机制。如果判断为非法访问或攻击则无法继续进行访问。

这些系统通常会使用IDS/IPS、IDPS等缩写形式来表示，它们在系统安全方面发挥着极为重要的作用。IDPS，英文全称instrusion detection and prevention systems，即入侵检测和预防系统。

图9-5 ··············· **DMZ最初的两个流程**

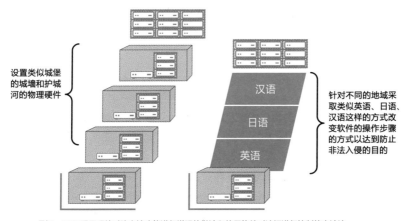

设置类似城堡
的城墙和护城
河的物理硬件

汉语

日语

英语

针对不同的地域采
取类似英语、日语、
汉语这样的方式改
变软件的操作步骤
的方式以达到防止
非法入侵的目的

最初，DMZ采用硬件对防火墙功能进行增强的做法和使用软件对访问进行控制的方法这
两种，现在还可以使用虚拟化技术来实现

图9-6 ··············· **DMZ网络的结构示例**

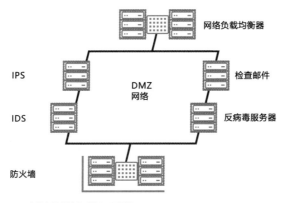

网络负载均衡器

IPS

DMZ
网络

检查邮件

IDS

反病毒服务器

防火墙

- 布置在防火墙之后的DMZ网络
- 将具备各种不同功能的服务器摆放在一起
- 放在不同的机箱内是为了便于强化各种功能和防范措施
- 在一般的企业中可能会将所有功能集中在一个机箱内，作为UTM使用

知识点

✎ DMZ是保护内部网络安全的专用设备或网络。

✎ DMZ的入口处设有IDS。

第
9
章

安全措施——Web特有安全措施与系统通用措施

穿透DMZ后的防守

应对能穿透IDS/IPS的通信

IDS/IPS可以防止异常访问和DoS（denial of service，拒绝服务）攻击这类服务器无法在短时间内处理的大量的访问。但是，那些虽然包含恶意数据但是表面正常的通信则会放行。

在这种情况下，就可以使用一种对通信内容进行检查，确认其中是否包含恶意数据的WAF（web application firewall，应用防火墙）的机制。这种机制需要使用专用设备和软件来进行处理。由于这类系统通常比较复杂，因此，实际上只有大型网站和云服务供应商会使用（图9-7）。

在WAF中，提供了根据过去的经验来阻止具有特定模式的通信的黑名单方法，和一种需要与大量正常模式进行比较的白名单方法。WAF还可以应对SQL注入和跨站脚本（cross site scripting）等利用Web网站漏洞的攻击。ISP和云服务供应商将其定位为一种需要具备先进技术的服务。

反映日志分析和结果的系统

WAF和9-3节中的DMZ，是ISP和云服务供应商或者运营大型Web网站的企业都会采取的安全防范措施。

为了充分发挥这些安全措施的效果，实际上**对过去的非法访问和带有恶意的通信日志进行积累和分析极为重要**。各家企业都拥有**日志分析**和将分析结果反映到DMZ网络的系统相关的独有的先进技术。在图9-8中展示的是一个示意图，说明了日志分析和反映结果的系统是目前安全措施的核心。

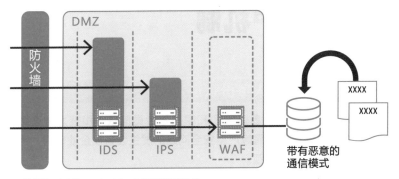

图9-7 WAF的概述

- 即使穿越了防火墙、IDS、IPS，也有WAF进行防御
- 可以阻止被称为黑名单的会随时被添加和更新的带有恶意的通信模式
- 由于该机制需要很复杂的技术，因此价格很昂贵

图9-8 安全措施中极为重要的日志分析

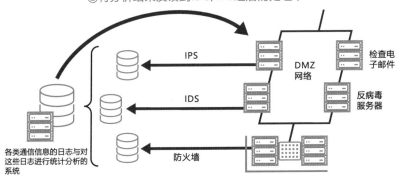

②将分析结果反馈到IDS/IPS之后的处理中

①向入侵分析系统提供日志

- 云服务提供商拥有专门用于分析日志的数据库系统
- 这也是安全防范的关键措施

知识点

- 对那些能穿透IDPS的带有恶意的通信，可以使用WAF等机制应对。
- 为了充分发挥DMZ和WAF的效果，分析过去的非法访问和恶意通信日志并反映结果的系统发挥着关键性作用。

» 客户保护机制

企业系统的本人身份认证

由于带有恶意的第三者盗取ID和密码等会员信息，和被人冒充导致个人信息及其他重要信息泄露等严重安全问题的发生会有损企业信誉，因此这些都是需要极力避免的问题。

在企业的Web系统中，通过使用ID和密码，以及IC卡与生物识别和非商用PC终端的多因子验证（multi-factor authentication，MFA）来严格的认证员工的方式正在普及中（图9-9）。由于商业Web系统需要兼顾客户在使用上的便利性，有时很难对客户要求那么严格，因此需要运营方采取相应的措施。

针对冒充他人和获取密码的措施

当人们被他人冒充和密码被泄露时，可以预想到的威胁和措施如下（图9-10）。

- **密码破解**：获取了ID的第三者会使用程序不断尝试猜测和破解密码，以达到冒充本人的目的。主要措施包括使用字符结构更加复杂的密码，随时提示更改密码等与设置和变更相关的措施。除此之外，还有CAPTCHA（completely automated public turing test to tell computers and humans apart，全自动区分计算机和人类的图灵测试验证码）这种不是人类就无法操作的措施。
- **会话劫持**：这是一种以某种方式获取2-14节中讲解的会话和2-13节中讲解的Cookie的威胁。主要措施有阻止来自其他不同终端和IP地址的访问等。

以上措施都是专门针对Web的措施，但是即使是商用Web网站，也倾向于采用多因子验证进行严格的管控。

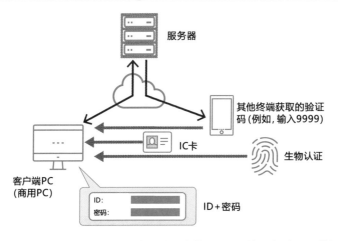

图 9-9　多因子验证的概述

服务器

其他终端获取的验证码 (例如，输入9999)

IC卡

生物认证

客户端PC
(商用PC)

ID:
密码:

ID＋密码

除了在商用PC中使用ID＋密码认证之外, 还需要使用各种因子进行认证

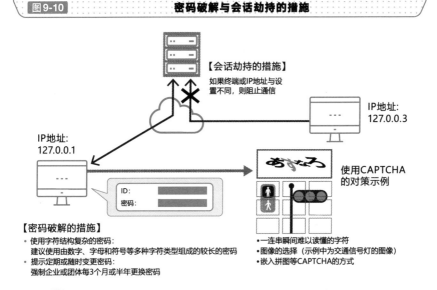

图 9-10　密码破解与会话劫持的措施

【会话劫持的措施】
如果终端或IP地址与设置不同, 则阻止通信

IP地址:
127.0.0.3

IP地址:
127.0.0.1

ID:
密码:

使用CAPTCHA
的对策示例

【密码破解的措施】
• 使用字符结构复杂的密码:
　建议使用由数字、字母和符号等多种字符类型组成的较长的密码
• 提示定期或随时变更密码:
　强制企业或团体每3个月或半年更换密码

• 一连串瞬间难以读懂的字符
• 图像的选择 (示例中为交通信号灯的图像)
• 嵌入拼图等CAPTCHA的方式

知识点

✎ 在企业系统中, 为了验证本人身份正在引入多因子验证方式。

✎ 窃取密码和会话的威胁需要单独采取措施。

内部的安全措施

针对内部非法访问的措施

提到安全措施，很多人会联想到来自外部的非法访问。而实际上，只有Web服务和系统的供应方**针对内部非法访问采取防范措施，安全措施才能发挥作用**。在内部，通常会采取以下认证和数据隐藏等措施（图9-11）。

< 访问与使用限制 >
- **认证功能**：用户名、密码、证书、生物识别等多因子验证。
- **使用限制**：为各个角色提供管理员、开发者、成员等权限，并根据业务需求分配权限，也称为基于角色的访问控制。

< 数据隐藏 >
- **传输数据的加密**：VPN、SSL等。
- **保管数据的加密**：写入存储时加密等。
- **非法跟踪和监视**：跟踪和监视可疑人员的使用情况。

这些措施对于企业和组织中需要使用Web的系统来说是必不可少的。

严格的服务器访问控制

在数据中心等企业中，从员工的身份认证开始就**对访问进行了严格的管控**。访问控制是一种由用户的管理和认证、访问的控制、正确访问确认和保留日志的审核机制组成的严密的系统。这种系统已被一部分大型企业所采用（图9-12）。

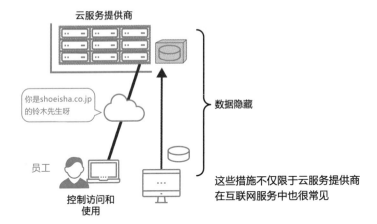

图 9-11　　**Web服务的一般安全措施的示例**

云服务提供商

你是shoeisha.co.jp
的铃木先生呀

员工

控制访问和
使用

数据隐藏

这些措施不仅限于云服务提供商
在互联网服务中也很常见

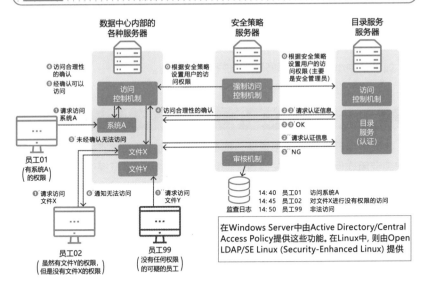

图 9-12　　**数据中心内部访问控制的示例**

数据中心内部的
各种服务器

安全策略
服务器

目录服务
服务器

❹ 访问合理性
的确认
❺ 经确认可以
访问

访问
控制机制

❻ 根据安全策略
设置用户的访
问权限

❼ 根据安全策略
设置用户的访
问权限（主要
是安全管理员）

强制访问
控制机制

访问
控制机制

❶ 请求访问
系统A

系统A

❸ 访问合理性的确认

❷❷ 请求认证信息

目录
服务
（认证）

❸❸ OK

员工01
（有系统A
的权限）

❸′ 未经确认无法访问

文件X

文件Y

❷′ 请求认证信息

❸′ NG

审核机制

❶ 请求访问
文件X

❻ 通知无法访问

❶′ 请求访问
文件Y

监查日志

14：40　员工01　访问系统A
14：45　员工02　对文件X进行没有权限的访问
14：50　员工99　非法访问

员工02
（虽然有文件Y的权限，
但是没有文件X的权限）

员工99
（没有任何权限
的可疑的员工）

在Windows Server中由Active Directory/Central
Access Policy提供这些功能。在Linux中，则由Open
LDAP/SE Linux (Security-Enhanced Linux) 提供

知识点

✏ 内部非法访问对策与外部非法访问对策缺一不可。

✏ 数据中心等企业中使用了严密的访问控制系统。

系统运行后的管理

系统运行后管理的分类

不局限于Web，所有系统运行后的管理都可以分为两大类（图9-13）。

- 运行管理

  运行管理包括标准化的运行监视、性能管理、变更响应、故障响应等。对租用服务器和云服务，运行监视和性能管理则会作为服务提供。

- 系统维护

  系统维护适用于大型系统，包括性能管理、版本升级/增加功能、错误响应、故障响应等。系统维护可能会在一定时间后终止。

如果是中小型系统，则只需要进行运行管理。

运行管理的OSS时代

如果是自己进行运行和管理，那么管理方就需要在被监视对象的服务器中安装专用软件并进行相关设置。使用哪种软件需要进行探讨，由此这些领域迎来了OSS时代。具体包括使用Zabbix和Hinemos。其中，Zabbix是运行监控软件云服务供应商和ISP等企业中也采用的具有代表性的（图9-14）。

Zabbix在存储监视数据时通常需要使用数据库，不仅可以使用商用数据库，还可以使用MySQL和PostgreSQL等OSS。如果工程师技术过硬，那么就可以进入一个**从系统开发到运行的整个过程都使用OSS进行处理的时代**。

图9-13 系统运行后的管理概述

费用管理	两个管理	内 容	备 注
系统运行后的管理	①运行管理(系统运用负责人)	● 运行监视、性能管理 ● 变更响应、故障响应	可以标准化、制度化的业务等
	②系统维护(系统工程师)	● 性能管理、版本升级、增加功能 ● 错误响应、故障响应	主要是非标准的、无法制度化的业务等

- 大型系统或者发生故障时影响程度较大的系统中的管理示例
- 小型系统和部门内部系统通常只需要运行管理
- 有时也将①和②包含在一起称为运行管理

图9-14 Zabbix概述

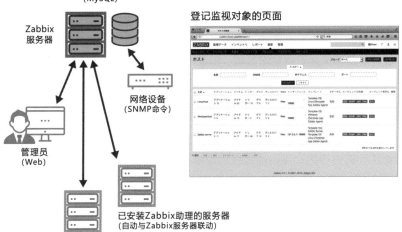

数据库、保管监控数据
(MySQL)

Zabbix
服务器

登记监视对象的页面

网络设备
(SNMP命令)

管理员
(Web)

已安装Zabbix助理的服务器
(自动与Zabbix服务器联动)

未安装Zabbix助理
的服务器(ping命令)

这里以Zabbix为例展示了概括性内容,实际上
数据中心的运行监视软件大多采用这种架构

知识点

🖊 系统运行后的管理大致可以分为运行管理和系统维护两大类。

🖊 现在已经进入一个从系统开发到运行的整个过程都使用OSS进行处理的时代。

第9章

安全措施——Web特有安全措施与系统通用措施

» 服务器的性能管理

增强服务器性能及增加服务器数量

在运行和管理Web系统时，最重要的一项是服务器的性能管理。特别是用户数量波动较大的系统，当访问量激增，CPU和内存的使用率上升时，存在服务器过载而无法正常运行的风险。

为了避免这种情况的发生，采用的方法包括使用运行监控软件设置阈值并接收消息，以及使用性能管理服务来接收消息等。或者，如在8-12节中所讲解的，自行对CPU和内存的使用率进行检查（图9-15）。若是租用服务器和使用云服务，有些供应商可以快速地提高服务器的性能和增加服务器的数量，因此，也可以考虑使用这种备用方案。当然，无论采用哪种方式，最重要的是**能够快速识别危险区域，以及准备好了解服务器使用情况的方法**。

在内部修改进程的优先级

还有一个服务器性能管理策略是修改进程的优先级。服务器中的处理通常都是同时进行的。可以通过在内部修改优先级的方式提升服务器的性能。如图9-16所示，展示了如何修改Windows Server任务管理器。如果是Linux，则可以使用renice命令进行修改。如果修改CPU就能解决问题，当然是最好的。但是有时CPU的使用率并无问题。此时，就需要按照内存、磁盘的顺序依次进行检查。

在一台服务器中存在多个系统的业务系统中，对进程优先级进行修改是常见做法。但是这个示例也说明当离开Web和云服务，"当初本地部署时是怎么应对的？""如果是业务系统应该如何处理？"考虑等问题很重要。

图 9-15 .... **性能管理的示例**

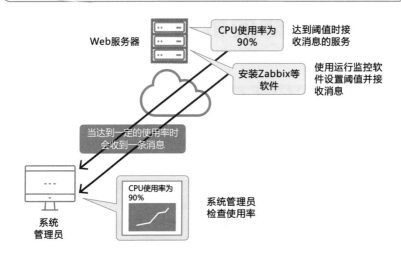

Web服务器

CPU使用率为
90%

达到阈值时接
收消息的服务

安装Zabbix等
软件

使用运行监控软
件设置阈值并接
收消息

当达到一定的使用率时
会收到一条消息

CPU使用率为
90%

系统管理员
检查使用率

系统
管理员

图 9-16 .... **修改进程优先级的示例**

● 将优先级从"正常（N）"修改到
"高（H）"的示例。

● 将需要提高优先级的处理设置为
"高（H）"，将需要降低优先级的处
理设置为"正常（N）"或"低（L）"。

● 如果要将 Linux 中正在运行的程
序（ID：11675）的优先级从默认
值0降到稍低的10，就可以输入
"$sudo renice -10 -p 11675"的命令。

※ 使用renice降低当前设置的优先级时，不需要管理员权限也可执行。执行程序的优先级（nice）显示为 –20
（优先级高）～19（低）

知识点

✎ 自己对服务器的使用情况进行把握，以及系统进入危险区域时管理员能够
及时接收消息等性能管理在提供 Web 服务中非常重要。

✎ 除了增强服务器性能和增加数量之外，还可以使用动态修改服务器内部进
程优先级的方法。

》 应对故障的机制

生产系统与备用系统

即使发生故障也可以继续运行的系统被称为容错系统（fault tolerance system）。为了保证系统的稳定运行，必须采取故障和备份措施。无论是对Web系统还是对业务系统，这种思维方式都是一样的。

以图9-17中的服务器为例对这些措施进行整理，就会出现生产系统（active）与备用系统（standby）两种情况，一种是在工作设备和待机设备之间进行冗余处理，另一种是在多个设备之间进行负载平衡。

集群概述

像生产系统和备用系统这样准备多个服务器的做法被称为冗余化。将生产系统和备用系统作为一个系统对用户可见的做法则称为集群。物理服务器主要包括热备份和冷备份两种方法，如图9-18所示。

在云服务中，由于已经采取了包括网络设备在内的双重容错机制，因此只要考虑是否需要将热备份和冷备份作为服务签约即可。此外，**还有介于热备份和冷备份之间的，被称为自动故障（failover）转移的自动重启并切换到备用系统的机制**。

应对故障的基本方法如上所述。不过，有时也需要根据目标系统的重要程度和规模大小分开考虑系统、应用程序和数据。关于备份相关的内容，将在9-10节中进行详细的讲解。

图 9-17 .... **服务器故障响应概述**

对象	技术	概述	性质
服务器本身	集群	当生产系统发生故障时切换到备用系统	冗余化
	负载均衡	●多个负载均衡可防止出现故障 ●当然也有确保性能不下降的目的	负载均衡

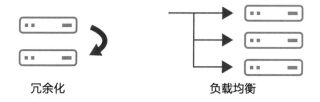

冗余化   负载均衡

图 9-18 .... **物理服务器集群概述**

热备份的示例

数据在服务器之间不断被复制

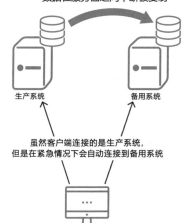

生产系统   备用系统

虽然客户端连接的是生产系统，
但是在紧急情况下会自动连接到备用系统

热备份
- 通过生产系统和备用系统来提高系统可靠性的方法
- 生产系统的数据会不断地被复制到备用系统，因此，当发生故障时可以立即进行切换

冷备份
- 生产系统和备用系统的准备方式与热备份相同
- 由于备用系统是在生产系统发生故障后才启动的，因此切换需要时间

知识点

✎ 可以使用生产系统和备用系统进行冗余处理，也可以使用热备份和冷备份方式进行处理。

✎ 还有介于热备份和冷备份之间的自动故障转移等机制。

第 **9** 章

安全措施——Web 特有安全措施与系统通用措施

≫ 关于备份的思考

根据系统重要性选择备份方法

如图9-19所示，为了进一步对备份进行更加详细的讲解，这里将在纵向对冷备份、暖备份、热备份进行整理。在横向则对系统/服务器、数据/存储器进行整理。暖备份是一种灵活运用了ISP和云服务的功能。

从图9-19可以看出，**随着备份方法从上往下，越往下越是不能停止运行的重要系统**。如果是一个拥有大量客户，并且在停止时间内会失去订单和销售额的系统，就需要使用热备份。另外，如果是以提供信息为主的系统，并且恢复也不需要较长时间就可恢复，则可以考虑以备份数据为中心来降低成本。

中小型Web应用的故障响应

针对中小型的Web应用，有些企业是员工手动进行备份的。例如，通过FTP下载规定的文件，在遇到紧急情况时，可根据这些文件进行恢复。但是，作者不推荐使用这种方法，因为，无论是ISP还是云服务供应商，只需要支付很少的费用就能够提供自动备份服务。

与手动方式相比，备份时间和工时成本以及恢复时间和工时成本要低得多，但是，即使是使用服务的情形，因系统内容的不同，业务也可能会因系统内容而中断。因此，包括这类情形在内，需要探讨备份的时机、快速恢复的操作，以及由谁负责处理等问题。关于备份，不是从备份方法的角度思考，而是从**恢复数据的角度来考虑的话，就能明确方向**（图9-20）。

备份方法	系统 / 服务器	数据 / 存储器	使用和费用方面的考虑
冷备份	△	○	● 两套存储器
暖备份 ※	（○）	○	● 具有基本功能的备用服务器（运行中） ● 两套存储器
热备份	○	○	● 具有与生产系统相同的服务器和存储器（运行中）

符号"○"和"△"是指包含恢复数据在内的备份系统的效果
※ 也有准备备份用的存储器，只对数据进行备份的做法

图9-20 **中小型Web应用的备份与恢复示例**

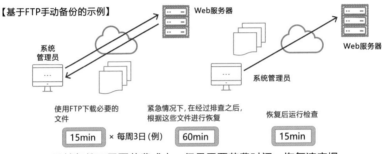

【基于FTP手动备份的示例】

系统
管理员

Web服务器

Web服务器

系统管理员

使用FTP下载必要的
文件

紧急情况下，在经过排查之后，
根据这些文件进行恢复

恢复后运行检查

| 15min | × 每周3日 (例) | 60min | 15min |

虽然备份不需要花费成本，但是需要花费时间，恢复速度慢

【使用备份服务的示例】

在更新大量OSS和插件软件的过程
中，难免会出现故障。建议简单快
速恢复

系统
管理员

Web服务器

一种定期自动备份
所有内容的服务

备份是自动的

无须排查即可恢复所有内容
仅执行恢复处理

恢复后运行检查

| 0min | 5min | 15min |

以极少的成本实现简单快捷的恢复

知识点

🖉 备份方法与系统的重要性成正比。
🖉 若使用中小型 Web 应用程序，需要从应急恢复角度考虑如何进行备份。

开始实践吧

系统的可用性与安全

虽然系统的可用性、性能、运行、安全等方面都是看不见摸不着，但是却是必不可少的。不过，随着租用服务器和使用云服务的普及，情况正在发生改变。安全和运行一样也可以用添加或不添加的方式根据每种功能来进行选择。

即IDS/IPS、WAF、日志分析等功能，还有电子邮件检查、病毒和DoS攻击防护等。虽然是否需要这些功能取决于系统的特性，但是如果认为该功能是必备的，就应该考虑所需功能。在这种情况下，首先希望读者考虑如下图所示的来自外部和内部的非法访问和攻击。

确认安全威胁的示例

请读者以下图为例，尝试标记或圈出实际的安全威胁和设想的威胁。如果认为有新的威胁，也可以添加进去。

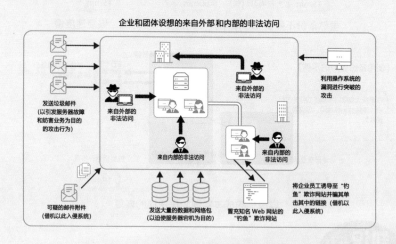

企业和团体设想的来自外部和内部的非法访问

如果是公司内部的系统，则集中在中间的长方形的部分。如果是Web系统，则有很多地方需要做标记。

术 语 集

[● "→" 后面的数字是术语相关的章节编号。]

Angular (→8-4)

TypeScript和JavaScript的框架。Google开发和使用的通用框架。

Apache (→3-10)

Linux环境中最为常用的Web服务器功能。

API (→1-7)

application programing interface的缩写。API原本的含义是指不同软件之间进行通信的接口规范。在Web中不是用于显示超文本的,而系统之间交换数据的机制。

API(数据转发)方式 (→8-9)

例如,商用网站提供接收对应SSL的卡片信息的页面,并通过支付代理公司的服务器的API进行处理(商用网站会存储卡片信息)的一种方式。

ASP.NET (→8-5)

微软提供的用于开发Web应用程序的最大的框架。

AWS (→3-12)

Amazon Web service的缩写。是Amazon提供的云服务。

Azure (→3-12)

微软的云服务。

CAPTCHA (→9-5)

completely automated public turing test to tell computers and humans apart的缩写。CAPTCHA一种加入了只有人类才能执行的操作的安全措施。

CGI (→2-9)

common gateway interface的缩写。CGI是动态页面中输入数据→执行处理→输出并显示结果的一系列处理的网关,也是一种触发机制。

Chrome (→1-6)

谷歌的浏览器。

CloudFoundry (→6-7)

PaaS相关的开源平台软件。

CMS (→2-12、7-4)

content management system的缩写。CMS封装了基本的Web页面、博客、管理功能等。

Cookie (→2-13)

支持重新连接的功能,Web服务器保存浏览器数据的功能。

CSS (→2-4)

cascading style sheets的缩写,也被称为样式表。主要用于打造页面的外观和体现页面的一体感。

DHCP (→3-4)

dynamic host configuration protocol的缩写是一种分配IP地址的功能。

DMZ (→9-3)

demilitarized zone的缩写。为了防止外部入侵内部网络,而在防火墙和内部网络之间设置的安全系统网络。

DNS (→3-5)

domain name system的简称。DNS用于将域名和IP地址绑定在一起的功能。

Docker (→8-10)

创建容器的软件。

DoS攻 (→9-4)

denial of service的缩写,是服务器无法在短时间内处理的大量的访问。

Elasticsearch (→8-14)

负责进行全文搜索和分析的开源软件。

FQDN (→1-4)

fully qualified domain name的缩写。也可称为完全限定域名。例如,若是 https://www.shoeisha.co.jp/about/index.html,就是指 www.shoeisha.co.jp 部分。

FTP (→3-8)

file transfer protocol的缩写,是一种用于与外部共享文件,向Web服务器上传文件的协议。

GCP (→3-12)

Google cloud platform 的缩写，是谷歌的云服务。

GDPR (→7-6)

general data protection regulation 的缩写。GDPR 是欧洲联盟的《通用数据保护条例》。

GIF (→7-10)

graphics interchange format 的缩写。GIF 可用于动画，但只能处理 256 种颜色的较小图像文件。

HTML (→2-3)

hyper text markup language 的缩写，是一种用于编写超文本的语言。需要使用标记"标签"编写代码。

HTTP方法 (→2-6)

指 GET 和 POST 等 HTTP 请求。

HTTP请求 (→2-6)

HTTP 通信中，浏览器向 Web 服务器发送的请求。

HTTP响应 (→2-7)

Web 服务器对浏览器在 HTTP 请求中发出的请求的响应。

IaaS (→6-2)

infrastructure as a service 的缩写。IaaS 由企业提供服务器、网络设备和操作系统的服务。中间件、开发环境和应用程序需要由用户安装。

IDS (→9-3)

intrusion detection system 的缩写，即入侵检测系统是将预料之外的通信活动判断为异常的机制。

IPS (→9-3)

intrusion prevention system 的缩写，即入侵防御系统，是一种自动切断检测到异常的通信的机制。

IP地址 (→3-3)

一种用于网络通信对象的号码。在 IPv4 中，使用四个点将 0 ~ 255 的数字分成四个部分来表示。

ISP (→1-9)

互联网服务供应商的缩写。提供互联网相关服务的供应商。

JavaScript (→2-11)

具有代表性的客户端脚本语言之一。

JavaServlet (→8-5)

与 JSP 配套使用。JavaServlet 根据请求执行相应的处理，JSP 则将结果显示的页面中。

JPEG (→7-10)

joint photographic experts group 的缩写。是使用数码相机和智能手机拍照的标准图像文件，最多可处理 1677 万种颜色。

JSON (→8-7)

JavaScript object notation 的缩写。与 XML 一样 JSON 经常被用来交换数据，是一种介于 CSV 和 XML 之间的数据格式。

JSP (→8-5)

Java server pages 的缩写，是在服务器端生成 Web 页面的代表性技术。

Kubernetes (→8-11)

具有代表性的容器编排的 OSS。

LAMP (→8-1)

分别取 Linux、Apache、MySQL、PHP 首字母的 Web 应用后端中具有代表性的软件。

LAN (→5-6)

local area network（局域网）的缩写。企业和团体内部网络的基础。

Linux (→1-5)

开源操作系统的代表。是目前 Web 服务器操作系统的主流。

MAC地址 (→3-3)

用于识别网络内设备的号码，是一种使用五个冒号或连字符，将由两位数的英文字母或数字组成的六组数值连在一起的一串号码。

Microsoft Edge (→1-6)

微软的浏览器。

mov (→7-12)

Apple 公司的标准视频文件格式。mov 使用 Quick-Time 封装。

mp4 (→7-12)

目前最常见的视频文件格式，如 Android。

MVC模型 (→8-3)

一种Web应用的设计方法，是一种将应用程序分为模型（model）、视图（view）、控制器（controller）等三层进行处理和开发的方法。

MySQL (→8-1)

Web应用后端中不可或缺的具有代表性的OSS的数据库软件之一。

Node.js (→8-6)

JavaScript的执行环境，允许在服务器端使用JavaScript。

OpenStack (→6-7)

一个开源的云服务平台，IaaS基础软件。

OSS (→8-2)

open source software的缩写，可以使用公开的源代码来发展和共享软件开发的成果，并进行重复使用和重新分发的软件的总称。

PaaS (→6-2)

platform as a service的缩写。除了提供IaaS的服务之外，还提供中间件和应用程序的开发环境。

PHP (→2-12)

服务器端具有代表性的脚本语言。在CMS中也经常使用。

PNG (→7-10)

portable network graphics的缩写。与JPEG一样，PNG可以处理1677万种颜色。由于可以根据图像的位置调整透明度以缩小文件大小，因此经常被用于首页和商品的示例图像中。

POP3 (→5-5)

post office protocol version 3的缩写，用于接收电子邮件的服务器。

Proxy (→3-6)

代理互联网通信的功能。

React (→8-4)

JavaScript的框架，在Facebook中使用。

SaaS (→6-2)

software as a service的缩写，是一种允许用户使用应用程序及其功能的服务。用户只能对应用程序进行使用和设置。

Safari (→4-3)

iPhone手机推荐使用浏览器。

Samba (→5-7)

Linux操作系统中的文件服务器功能。

SEO (→4-9)

search engine optimization的缩写。一种高效吸引Web网站和其他媒体中的潜在客户的方法。

SMTP (→5-5)

simple mail transfer protocol的缩写。用于发送电子邮件的服务器。

SoE (→2-1)

systemof engagement的缩写，是参与型系统，旨在将各种组织、机构和个人的关系及信息应用也纳入管理范畴。

SoR (→2-1)

system of record的缩写。SoR是记录的系统，主要由使用它的组织机构进行管理。

SSH (→7-13)

secure shell的缩写，虽然具体的步骤因ISP和云服务供应商而异，但是这是建立安全连接的主流方式。从外部连接Web服务器的方法之一。在使用SSH软件指定需要连接的终端和IP地址的同时交换密钥文件进行安全连接。

SSL (→3-7)

secure sockets layer的缩写，是对互联网上的通信进行加密的协议。

TCP/IP协议 (→3-2)

具有代表性的网络协议。由应用层、传输层、网际层、网络接口层组成。

TypeScript (→2-11)

一种微软于21世纪发布的编程语言。可以与JavaScript相互兼容。

UNIX系统 (→1-5)

服务器的各家厂商提供的历史最悠久的服务器操作系统。

URL (→1-3)

uniform resource locator的缩写，用户只需要输入或单击一个使用http: 或https: 开头显示的URL地址，就可以访问Web页面。

UTM (→9-3)

unified threat management 的缩写，即统一威胁管理，可将多个安全功能集成在一起提供。需要在入口处设置具有安全防范功能的服务器和网络设备。有采用逐步增加安全功能专用硬件的方法和使用软件进行控制的方法。

UX设计 (→2-2)

user experience 设计的缩写，是一种提高用户体验满意度的设计。

VPC (→6-4)

virtual private cloud 的缩写，是一种在公有云上实现私有云的服务。

Vue.js (→8-4)

JavaScript 的框架，在 LINE 和 Apple 中使用。

WAF (→9-4)

web application firewall 的缩写，是一种对通信内容进行检查，确认其中是否包含恶意数据的机制。

WAN (→5-6)

wide area network（广域网）的缩写，是运营商提供的通信网络。

Web应用 (→1-2)

Web 应用程序的缩写，是指诸如购物应用程序这样的一种动态的实现机制。

Web服务器 (→1-2)

终端的浏览器需要通过互联网到达的目的地。通常由设备（浏览器）、互联网和 Web 服务器构成。

Web网站 (→1-2)

一种以文档信息为主的 Web 网页的集合。

Web系统 (→1-2)

可以与 Web 网站和 Web 应用合作，通过 API 等提供专用服务的结构较为复杂且规模较为庞大的实现机制。

Web设计师 (→2-2)

专门从事 Web 网站设计的设计师。

Windows Server (→1-5)

微软提供的服务器操作系统。

WWW (→1-1)

world wide web 的缩写，是一个运用通过互联网提供的超文本信息的系统。

XML (→8-7)

extensible markup language 的缩写，是一种标记语言，可以在各种系统中使用。

Zabbix (→9-7)

一种在数据中心运行监控软件中使用的开源软件之一。

访问控制 (→9-6)

一种由用户的管理和认证、访问的控制、正确访问确认和保留日志的审核机制组成的严密的系统。

互联网交换中心 (→1-9)

也可称为互联网连接点、互联网互连点、IX 等。位于互联网服务供应商的上方，负责进行连接。

局域网 (→5-6)

由局域网和广域网组成的公司内部网络。

暖备份 (→9-10)

通过生产系统和备用系统来提高系统可靠性的方法。备用的服务器只运行最基本的功能，当生产系统发生故障时切换使用。

边缘计算 (→8-8)

在用户附近设置一部分服务器的功能和应用程序的措施。

容器编排 (→8-11)

指对不同服务器之间存在的容器关系和执行处理的顺序进行管理。

本地部署 (→5-1)

一种公司拥有自己的 IT 设备和其他 IT 资产，并在公司管理的场所内安装和运营设备的形态。

虚拟服务器 (→5-4)

也被称为 virtual machine（VM）、实例等。以物理服务器为例进行说明的话，是指让一台物理服务器在虚拟或逻辑上具有多台服务器的功能。

云 (→6-1)

云计算的简称。一种通过互联网使用信息系统、服务器和网络等 IT 资产的形态。

云服务 (→3-9)

通过互联网提供 IT 资产的服务。

云原生 (→6-2)

在云环境中开发系统，并直接运用该系统的形态。

客户端服务器系统 (→1-8)

公司业务系统的基本系统结构。可以从客户端通过局域网的网络访问各种系统的服务器。

冷备份 (→9-9)

通过生产系统和备用系统来提高系统可靠性的方法。由于是在生产系统发生故障后才启动备用系统，因此切换需要时间。

个人信息保护法 (→7-6)

需要处理个人信息的所有企业和个人都必须遵守的法律。

防复制代码 (→7-11)

为了防止Web页面的图像被复制而编写的代码。

主机托管服务 (→6-6)

数据中心提供的服务形态之一。服务器等ICT设备归用户所有，该系统的运营和监控也由用户负责。

虚拟容器类型 (→8-10)

一种即使在虚拟化中也能实现轻量化的基础技术。

控制器 (→6-7)

云服务供应商的数据中心的一种负责对服务进行集中管理和运营的服务器。

编译型语言 (→8-5)

在创建进行处理的文件时，需要进行编译的编程语言。

最大通信速度 (→4-10)

一种表示通信系统性能的数值之一。通过每秒可传输多少数据来表示。

网站管理员 (→7-13)

在Web网站中，可以添加和变更内容以及确认操作，但是不能设置服务器和安装软件的人员。

脚本语言 (→2-10)

虽然是一种可以执行处理的编程语言，但是无须进行编译。

状态码 (→2-7)

表示发送请求的Web服务器的信息及如何处理请求的代码。

无状态 (→2-6)

HTTP具有的每次连接就会完成与通信对象的一次通信的特征。

静态页面 (→2-5)

以对编写的文档进行显示为主的固定的不会发生变化的页面。

会话 (→2-14)

管理浏览器和Web服务器之间从开始到结束的交互处理的机制。

会话ID (→2-14)

为每个会话分配ID，并对每个会话进行管理。

专用应用程序 (→1-3)

提供Web服务的企业发布的专门针对用户使用的各种设备专门开发的应用程序。由于应用中已经嵌入了URL，因此只要启动应用程序就可以立即进行访问。

标签 (→2-3)

用于编写HTML的标记。

第五代移动通信系统 (→4-10)

通常被称为5G的适合大容量数据传输的通信系统。

多层防御 (→9-2)

通过使用分层结构划分功能的方式以防御外部非法访问的措施。

多因子验证 (→9-5)

指multi factor authentication，也被称为MFA。指ID和密码，以及IC卡和生物认证、商用PC以外的终端等，进行本人身份认证方法。

数据中心 (→6-6)

从1990年开始普及的大量服务器和网络机器等有效设置和运用的建筑物，现在已然是支持云服务的基础设施。

开发者工具 (→2-8)

指浏览器中实现的面向开发者的工具。

动态页面 (→2-5)

根据用户输入的内容和用户的具体情况不同，输出的内容会动态发生变化的Web页面。

令牌方式 (→8-9)

举例说明的话，是使用脚本对卡片信息进行加密并将信息传递给支付公司，然后再交换加密数据（虽然商用网站不会存储卡片信息，但是看起来像存储了）的一种方式。

特定商业交易法 (→7-6)

规定了经营者在上门销售和邮购销售中必须遵守的法律。该法律的目的是保护消费者权益。

顶级域 (→7-5)

如.jp、.com、.net等位于分层结构顶部的域。

域管理员 (→7-13)

在 Web 网站中，添加和更改内容、确认操作、更新软件等以管理员身份对 Web 网站和服务器的内部进行管理的人员。

域名 (→1-4)

如果是 https://www.shoeisha.co.jp/about/index.html，就是指 shoeisha.co.jp 的部分。虽然域名是互联网中唯一的名称，但是它拥有至少一个与之映射的全局 IP 地址。

无代码 (→2-1)

不写代码，以设置工作为中心创建系统的开发风格。

Permission (→3-10)

在 Web 服务器特定的目录或文件中设置写入、读取、执行的权限。

超文本 (→1-1)

一种关联多个文档的机制。可以在一个 Web 页面中链接另一个 Web 页面。

虚拟机管理程序 (→8-10)

目前虚拟化软件的一大类。作为物理服务器上的虚拟化软件，需要在其上方运行 Linux 或 Windows 的客户机操作系统。

超链接 (→1-1)

构成 Web 网站的每个 Web 页面，都是通过链接和引用的方式与不同的页面彼此连接，并以此实现海量页面相连的状态。

机房租用服务 (→6-6)

数据中心提供的服务形态之一。虽然服务器等 ICT 设备归用户所有，但是该系统的运营和监控则由运营商负责。

后端 (→8-6)

在 Web 应用开发中，参与 Web 网站内部的服务器端数据库及其他处理和运用等工作。

公有云 (→6-3)

指亚马逊的 AWS、微软的 Azure、谷歌的 GCP 等具有代表意义的云服务，是一种为不同公司、团体和个人提供的服务。

防火墙 (→9-2)

对内部网络与外部之间的边界处的通信状态进行管理，以保护安全机制的总称。

文件服务器 (→5-7)

共享文件的服务器。

容错系统 (→9-9)

即使发生故障也可以持续运行的系统。

私有云 (→6-3)

为私有公司提供云服务，或者在数据中心创建私有公司的云服务空间。

浏览器 (→1-2、1-6)

专门用于浏览 Web 页面的软件。也被称为 Web 浏览器。可以将超文本以易于人眼识别的方式显示。

插件 (→8-2)

在应用程序的基本功能中添加其他功能的操作。

断点 (→7-8)

作为显示 Web 页面的分支基准的屏幕大小。相当于 PC、平板电脑、智能手机等，相当于屏幕尺寸的边界线的值。

前端 (→8-6)

在 Web 应用开发中，根据客户需求负责 Web 网站浏览器的外观和行为的机构。

端口号 (→3-8)

TCP/IP 通信首部中包含的号码。

主机租用服务 (→6-6)

数据中心提供的服务之一。服务器等 ICT 设备归运营商所有，系统的运用监视也由运营商负责。

主机管理程序 (→8-10)

由于虚拟服务器访问物理服务器时需要经由主机操作系统，因此容易出现处理速度下降的问题，但是发生故障时的切换操作比虚拟机管理程序型更容易。

热备份 (→9-9)

通过生产系统和备用系统来提升系统可靠性的方法。生产系统的数据会不断地被复制到备用系统，因此，当发生故障时可以立即进行切换。

迁移 (→6-8)

将系统转移到其他环境的操作。

Mashup (→8-8)

在客户端执行处理并将多个Web服务(Web系统)组合为整体的技术。

关键任务 (→5-2)

指与社会基础设施相关的365天24小时不能停止运行的大型系统。

重定向 (→7-7)

指从某个Web页面切换到另一个页面的操作。通常指从http切换到https。

链接方式 (→8-9)

例如,是商用网站链接到支付公司的网站,在完成支付后返回商用网站(虽然商用网站不会存储卡片信息,但是像是存储了)的方式。

注册商 (→7-5)

接收域名注册申请的供应商。

注册公司 (→7-5)

管理域名的机构或团体。

响应式 (→4-2)

根据用户的设备和浏览器提供匹配的Web 网页。

响应时间 (→5-2)

指从用户发送处理命令到完成处理的时间。

渲染 (→1-6)

浏览器对浏览器与Web 服务器之间的请求和响应进行正确的处理,并将结果显示在终端屏幕上的过程。

租用服务器 (→3-9)

互联网服务供应商为用户提供的租借服务器和网络的服务。

低代码 (→2-1)

可以不写代码的开发风格。

后 记

至此为止，本书以Web技术为主题对相关知识进行了详细的讲解。

通过阅读本书，读者应当理解了Web服务及系统在今后仍将继续不断发展、普及的同时，已经成为日常生活和工作提供大力支持的基础机制。

本书虽然总结了Web技术相关的基本要点，但是当读者实际使用各家供应商提供的服务或创建Web服务时，还要参考相关的专业书籍和Web网站。

除了Web技术之外，还希望掌握信息系统和IT整体基础知识的读者，建议阅读拙著《完全图解服务器工作原理》。有关云计算的基础知识则建议阅读《完全图解云计算》。由于这几本书籍都是作者以相同的方式撰写，因此更加易于理解。

作者撰写本书时，有幸得到了岸均先生、渡边登先生、大胁真悟先生、田中淳史先生、富冈弘树先生、渡边圭介先生、金城恒夫先生、中岛康裕先生、汪锦垠先生、田原干雄先生、富士通云技术株式会社，以及其他参与Web系统和服务业务的多位友人的鼎力相助。此外，本书从策划到出版都得到了翔泳社编辑部的全方位支持。在此，作者再次郑重地向他们表示感谢。

如果读者在灵活运用Web技术时，本书能够作为一本参考指南对读者有所帮助，那将是作者莫大的荣幸。

西村泰洋